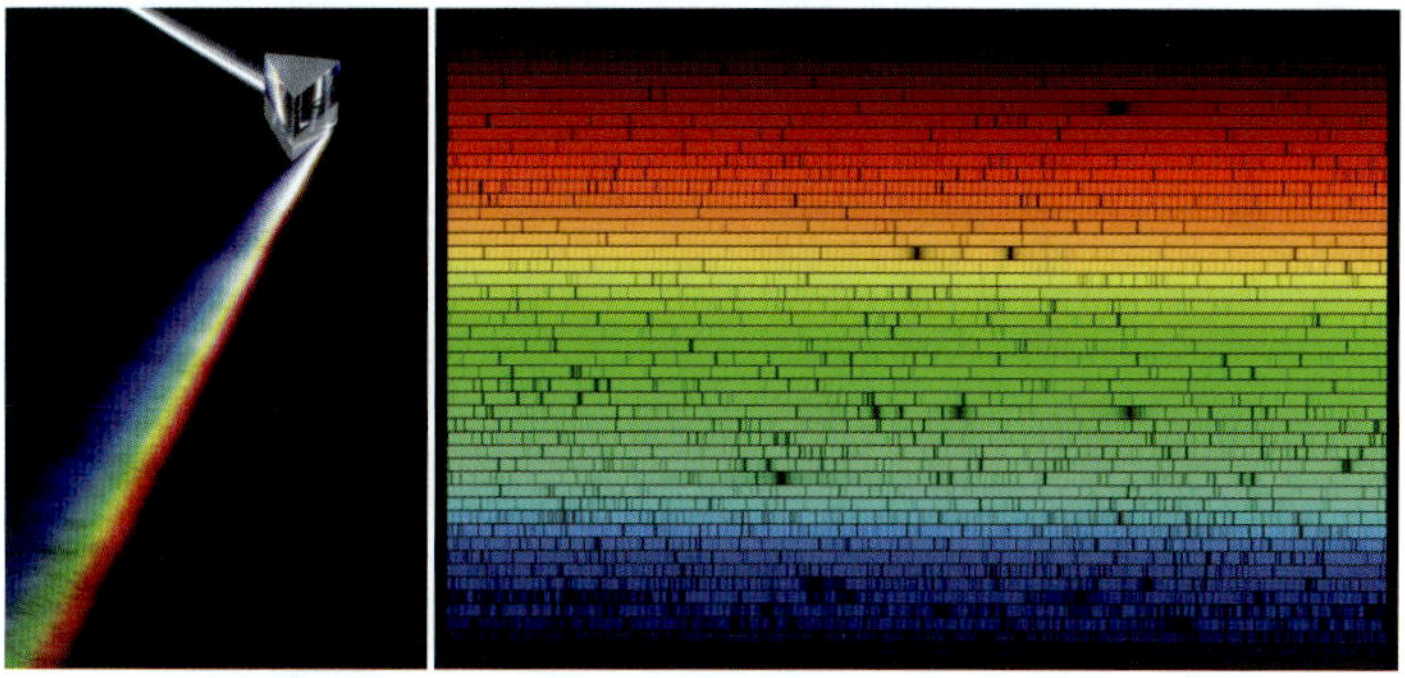

[口絵**1**] **プリズムによる分光と太陽光スペクトル**

左はプリズムよって虹色に分光された白色光。右図は分光された太陽光のスペクトル。一つの横に長い虹色のスペクトル（波長400 ～ 700ナノメートル）を50分割して下から上へ並べてある。一片の長さは6ナノメートルに相当する。

[左：Science Source/PPS通信社。右：N.A.Sharp, NOAO/NSO/Kitt Peak FTS/AURA/NSF]

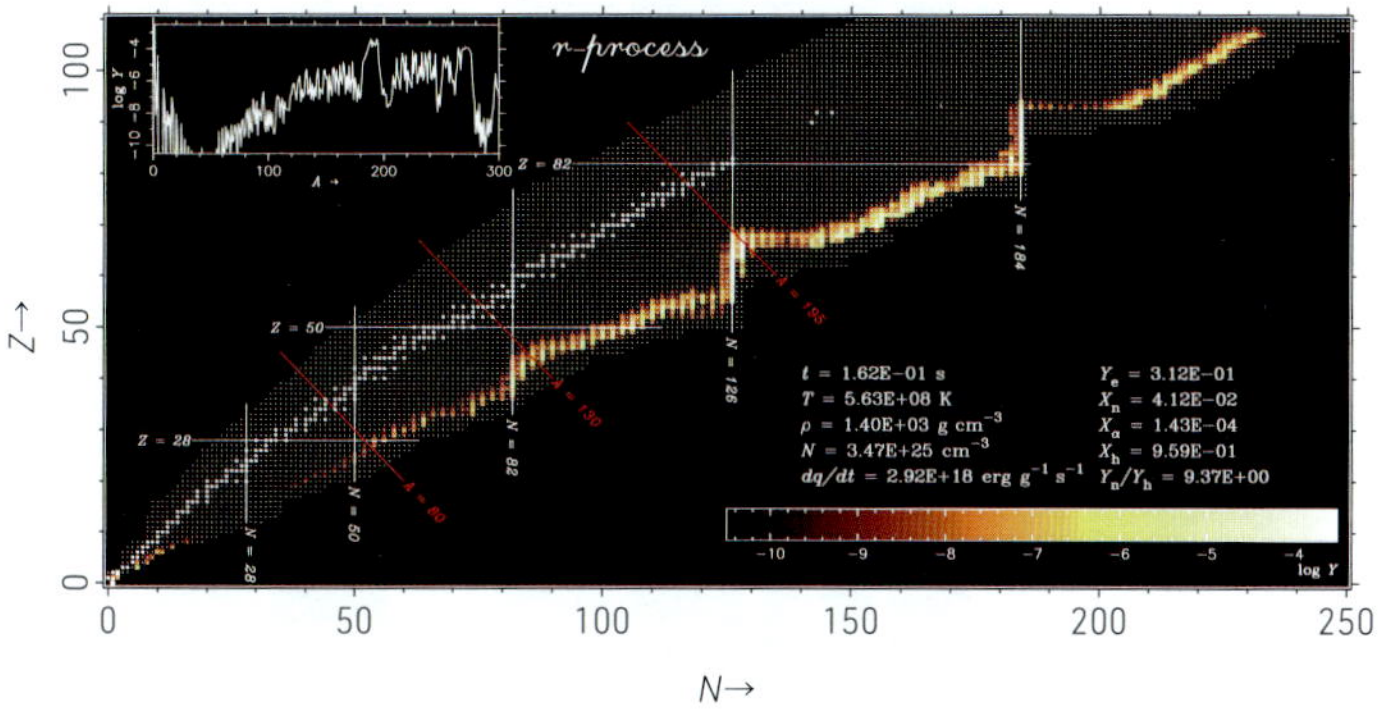

[口絵**2**] **rプロセスの数値計算例**

rプロセスがはじまってから0.16秒後の同位体分布（カラースケール）。横軸は中性子数、縦軸は原子番号を表す。左上の窓には、同位体の存在量が質量数の関数で表されている。濃い白点は安定同位体と長寿命放射性同位体、薄い白点は短寿命放射性同位体。

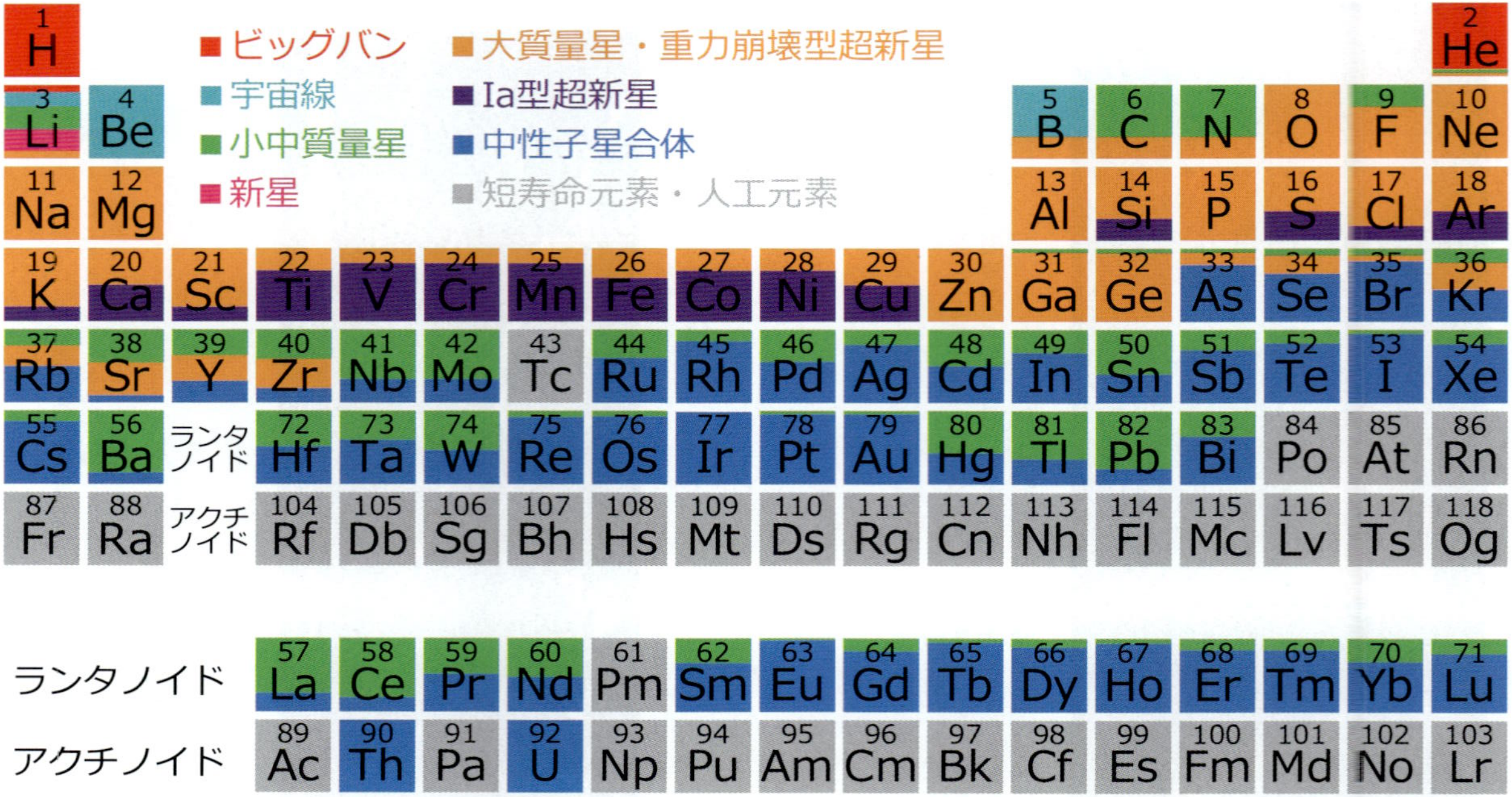

［口絵**3**］ **元素の周期表（a）**

元素の一つひとつは原子番号と元素記号（元素名は（b）を参照）で表される。それぞれの元素がどのような天体でつくられたかを色分けして示してある。

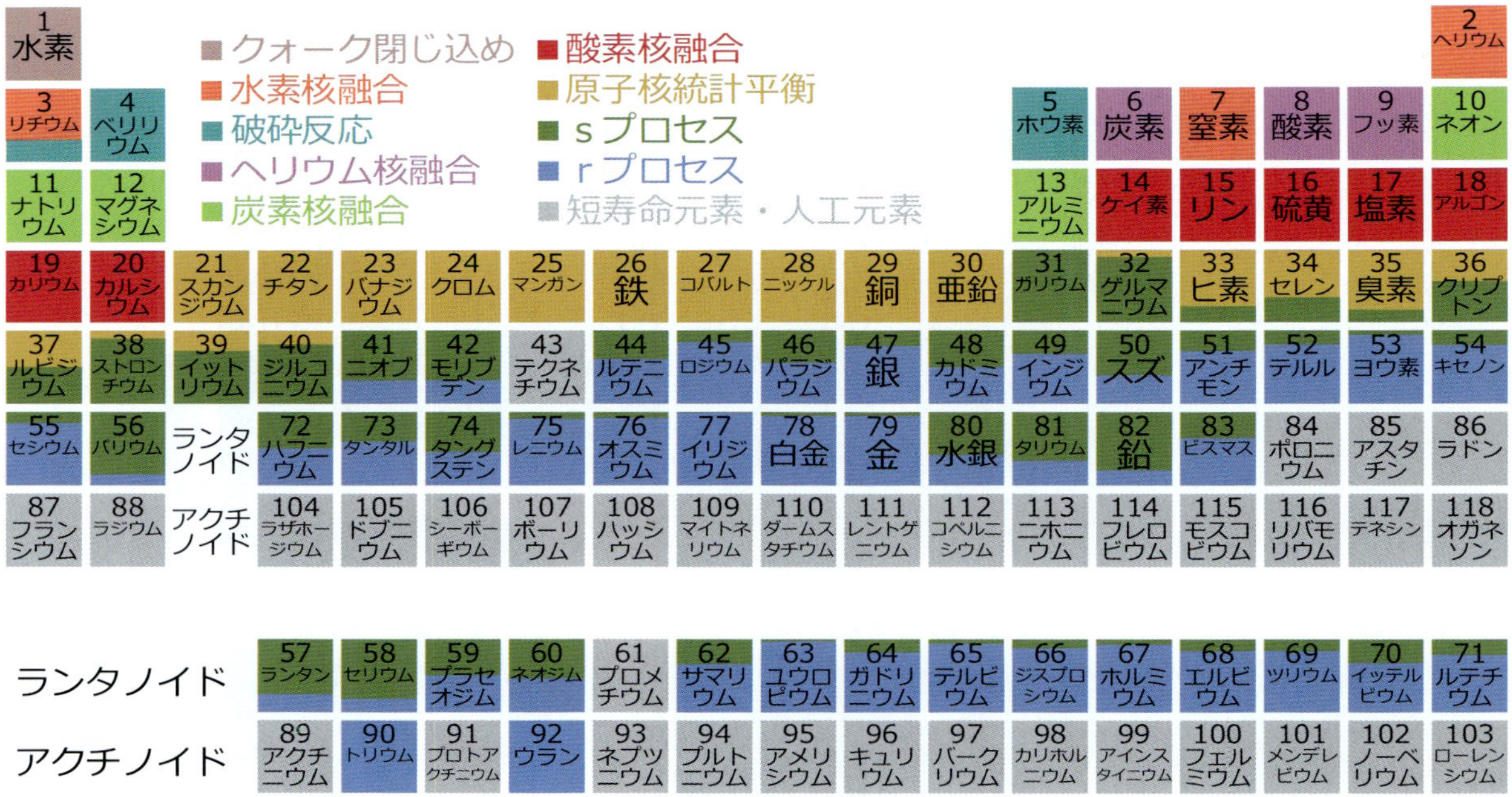

［口絵**3**］ **元素の周期表（b）**

それぞれの元素がどのような核融合プロセスでつくられたかを色分けして示してある。

[口絵 **4**]　**オリオン座に見るさまざまな分子雲の姿**

上はオリオン座の全体像の写真。左下の赤い星はベテルギウス、右上の青く明るい星はリゲル。中央の赤い円弧状の部分はバーナードループとよばれる分子雲。中央の三つ星のいちばん下あたりに馬頭星雲（左下写真）、その右にある小三つ星の中央付近にはオリオン星雲（右下写真）がある。[上：Robert Gendler/PPS通信社、左下：ESO、右下：NASA, ESA, M. Robberto (Space Telescope Science Institute/ESA) and the Hubble Space Telescope Orion Treasury Project Team]

SR Solution of the Riddle — History of the Universe and Elements

なぞとき

宇宙と元素の歴史

和南城 伸也［著］
Wanajo Shinya

講談社

星は輝きを失うとき大爆発を起こして、宇宙空間に飛び散ります。星が生涯をかけて作り出した宝物は星屑となり、やがてそこから新しい星が誕生するのです。だから地球が豊かな惑星であるのは、今はもうこの世にはない星々のおかげなのです。

——石丸友里

（東洋英和女学院 学院報『楓園』第71号〈２０１３〉より）

はじめに

宮沢賢治の代表作の一つである『銀河鉄道の夜』。そこでは、はくちょう座にはじまる旅の終着点——みなみじゅうじ座にある漆黒の「石炭袋」——、天上の世界への入り口として描かれています。『銀河鉄道の夜』が執筆された頃、「石炭袋」は何も存在しない宇宙の闇であると考えられていました。現在の天文学は、それが宇宙に無数に存在する、暗黒星雲とよばれる分子でできた雲の一つであることを、わたしたちに教えてくれます。

その分子の雲には、私たち生命の材料となる酸素や炭素はもちろんのこと、レアアース、金やプラチナなど、地球上にあるすべての元素がふくまれています。そして、その雲の中で、いままさに新しい星が生まれようとしているのです。宮沢賢治がそれを予感していたのかどうかはわかりませんが、「石炭袋」は、新しい生命へとつながる入り口だったのです。

そもそも、元素はどこでつくられたのでしょうか？いまから46億年前、宇宙空間にただよう元素に富む分子の雲から、太陽と地球が誕生しました。つまり、わたしたちの身のまわりにあるすべての元素は、それよりはるか昔に宇宙のどこかでつくられたものなのです。宇宙では、それらの元素を生みだしてくれる星たちの壮大なドラマが、いまもなお繰り広げられています。

本書では、私たちの体をつくる酸素などをふくむ、地球上にあるすべての元素が宇宙の１３８

億年の歴史の中でどのようにつくられてきたかについて、お話ししていきます。

ここのところ、宇宙に関するビッグニュースが立て続けに届いています。2015年にはブラックホール合体による重力波の発見、2017年には中性子星合体による重力波とそれに対応する輝く天体の発見、そして2019年にはM87とよばれる銀河の中心に存在するブラックホールの電波望遠鏡による撮影の成功。いずれも、100年に数回レベルの偉業と言っていいでしょう。

このようなニュースが報道されるたびに、心のどこかに引っかかることがあります。それは、そのような報道に対して出てくる「この成果（発見）は私たちの生活にどのように役に立つのでしょうか？」というお決まりの質問です。専門家も「私たちの生活に直接役に立つことはありませんが……」と返し、そして学問的な意義ばかりを力説します。もしサン＝テグジュペリの小説『星の王子さま』に登場する王子さまがこれを聞いたら、「おとなみたいな言い方だ！」と憤ることでしょう。

天文学や宇宙物理学は本当に役に立たないのでしょうか。たとえば、地球上にある元素は星たちがつくったもの――私たちは「星の子」――であると聞けば、誰もが童心に帰ったかのようにときめくのではないでしょうか。そのときめきは、少しだけかもしれませんが、私たちの人生を豊かにしてくれているはずです。そして、それら一つひとつの積み重ねが私たちの知的財産を確実に豊かにしてくれるのです。私は、先ほどの質問を受けたときには、「天文学（宇宙物理学）は私たちの人生を豊かにするのに役に立ちます」と答えるようにしています。

本書を書き終えた2019年は、ドミトリ・メンデレーエフによる元素の周期律発見から150周年を祝う「国際周期表年2019」でした。また、その2年前の2017年は、元素の起源の研究史において記念すべき年でもありました。鉄より重い元素に関する理論の枠組みが最初にできあがってから60年を迎え、天の川銀河の隣の大マゼラン雲で起きた超新星爆発からのニュートリノがとらえられてから30年が経過しました。そして2017年、ついに中性子星合体が発見されました。レアアースや金、プラチナなどの鉄より重い元素の起源は長いあいだの謎でしたが、本書の中で明かされるように、いままさにその答えが得られようとしているのです。

本書は、数年にわたって私が担当した上智大学の文系学生向けの一般教養科目「宇宙の科学」の内容をベースに、さらに天文学・宇宙物理学の最先端の研究成果を加えて執筆しました。宇宙や元素に少しでも興味をおもちの方であれば、予備知識がなくても無理なく読み進められる平易な解説を心がけました。登場する数式は一つだけなので、ご安心ください。本書を読み終わったときには、みなさんの人生が少しだけ豊かになっているように、と願いを込めて書きました。

それでは、宇宙と元素の歴史の物語へようこそ。

なぞとき　宇宙と元素の歴史◉目次

第1章

宇宙も人間も同じ元素でできている

宇宙と元素の物語をはじめる前に、そもそも元素とは何かについて一通りおさらいしておこう。まずは、私たちの体の構成要素について考えてみよう。目、鼻、口、骨、血液、さらにさまざまな臓器の名前まで挙げようとすると、きりがない。ともあれ、これらはすべて分子で構成され、その分子はさまざまな原子の組み合わせでできている。そして、その原子の種類を**元素**という。

人間の生命活動は多くの元素によって支えられているが、私たちの体をつくる元素は多いほうから酸素（65パーセント）、炭素（18パーセント）、水素（10パーセント）、窒素（3パーセント）、カルシウム（1・5パーセント）、リン（1パーセント）と並べられる。ほかの元素の占める割合はわずか1・5パーセントにすぎない。

いま挙げた元素の中で、宇宙がはじまったときに存在していたのは水素だけだ。その他の元素はすべて星の中でつくられた。いわば私たちは星の子なのである。後で明らかになるように、私たちの体の大部分を占める酸素は星の大爆発によって宇宙空間にばらまかれた。つまり、驚くべきことに、私たちの体をつくる原子の大半はその大爆発を経験しているということになる。

私たちの身のまわりにあるものについてはどうだろう。みなさんがいま手にしているこの本をつくる紙はおもに木材に由来するから、やはり炭素、酸素、水素などがおもな成分だ。

いや、もしかしたらこの本の電子版をタブレット端末かスマートフォンで読んでいるのかもしれない。そのような電子機器には多様な元素が使われている。アルミニウムや鉄は言うにおよばず、レアアースとよばれるネオジムやジスプロシウムなど多くの希少元素もふくまれている。このようなレアアース元素や、私たちが身につけている金やプラチナなどの貴金属元素は、星の衝突によってつくられた——そう聞けば、きっと驚くにちがいない。が、その話が出てくるのはまだずっと後だ。

元素は何でできているのか

高校の化学の授業で登場する周期表には、じつに多くの元素が並んでいる。その数は、2016年に周期表の仲間入りを果たしたニホニウムをふくめて、118種類にもおよぶ（**口絵3**）。

ところが、そのすべての元素の構成要素はたったの三種類の粒子——**陽子**、**中性子**、**電子**——である。陽子と中性子はともに**クォーク**とよばれる素粒子（それ以上分割できない、物質をつくる要素の最小単位）三つから構成されているのだが、本書ではそこまで立ち入らない。陽子は+1の電気をもち、中性子は電気をもたないが、両者の**質量**はほとんど同じである。ここで質量とは、「食塩100グラム」や「体重50キログラム」というような私たちが日常会話で用いる「重さ」とほぼ同じ意味と考えて差し支えない（正確には「重さ＝質量×重力加速度」である）。電子は−1の電気をもち、質量は陽子や中性子の1800分の1くらいしかない。

各元素には原子番号という数字が割り振られており、その値はその元素がもつ陽子の数である。また、中性の原子の場合は、電子の数は原子番号（陽子の数）に等しい。たとえば、原子番号1

の元素は水素で、水素原子は一つの陽子とそのまわりを回る電子一つで構成される（したがって中性。**図1・1**左上）。ただし、原子番号1の原子はこれだけではない。重水素原子は水素原子と同じく原子番号1であるが、陽子一つと中性子一つで構成される**原子核**からなり、そのまわりを電子が一つ回る（図1・1左下）。

水素と重水素のように、同じ元素（つまり原子番号が同じ）で中性子の数が異なるものを**同位体**という。原子番号8の酸素原子であれば、原子核を構成する陽子の数は必ず8個で、中性子数には8個（図1・1右下）、9個、10個というバリエーションがある。つまり、三つの同位体が存在する。

原子核の構成要素である陽子と中性子をまとめて**核子**といい、核子の数を**質量数**という。同位体を区別するときには、この質量数を用いる。たとえば、酸素の同位体は酸素16、酸素17、酸素18というように表現する。大半の元素には複数の同位体が存在するものの、元素の化学的性質は陽子と電子の数で決まり、中性子の数にはよらない。つまり、同位体どうしでは化学的性質にちがいはない。このように、たった三種類の構成要素の組み合わせだけで、この多様な物質に満ちた世界は成り立っているのだ。

ところで、原子の構成要素の説明としてしばしば図1・1左上、左下、右下のような模式図を目にするが、ここには二つの偽りがある。

一つは、電子の運動の軌道である。この図では、地球が太陽のまわりを回るように、原子核を

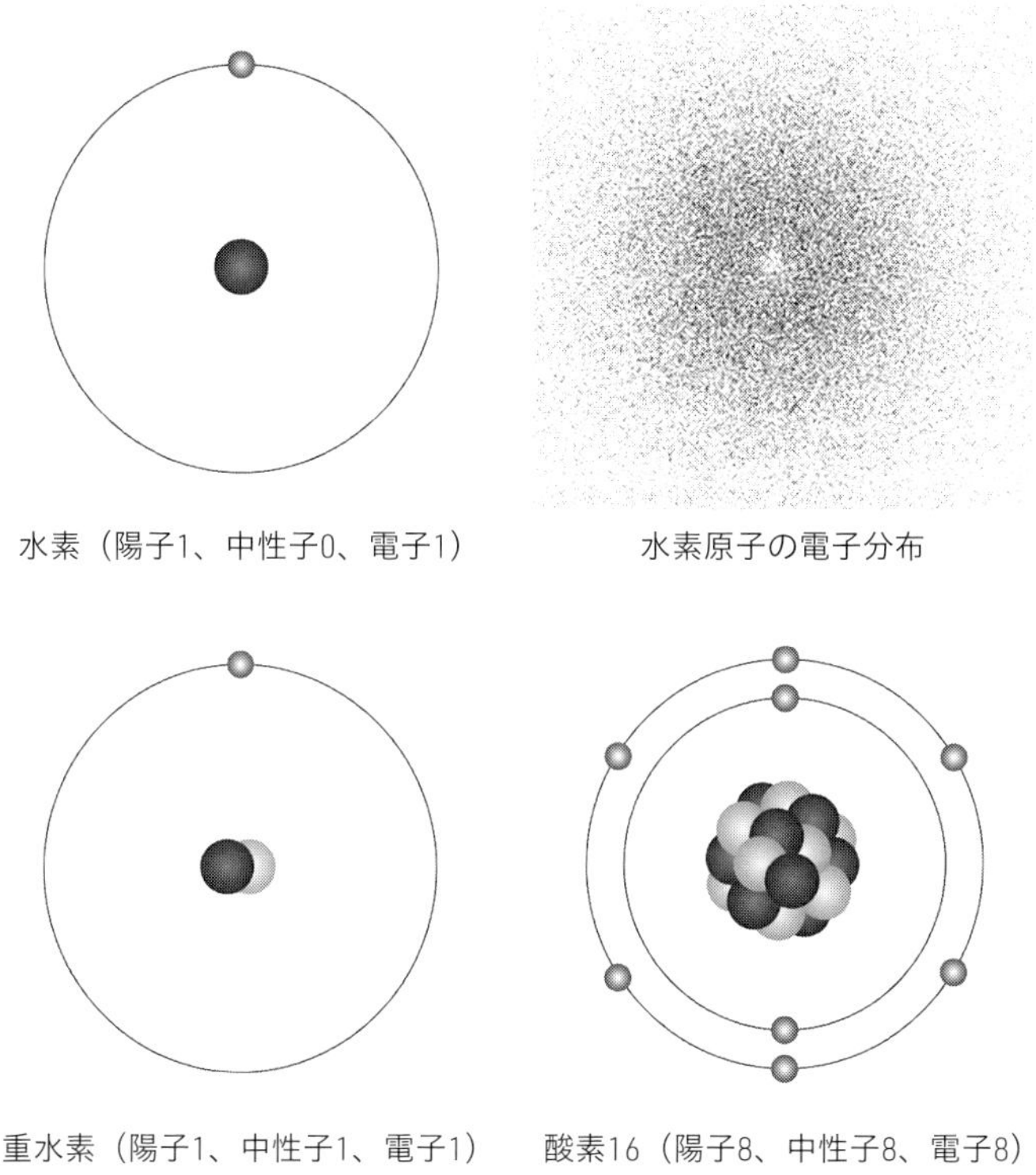

［図**1.1**］ **水素、重水素、酸素16それぞれの原子の模式図**
濃いグレーの丸は陽子、薄いグレーの丸は中性子、小さいグレーの丸は電子を表す。電子をつなぐ円は電子の軌道を示す。右上は量子力学にしたがって計算された水素原子のまわりの電子の分布を表す。

中心とした平面上で電子が円軌道を描いているように見えるが、現実にはそうではない。電子や原子のようなミクロの世界を支配する量子力学によると、電子は——たとえ水素原子のように電子が一つしかなくても——原子核のまわりを覆う雲のように分布しているのだ（図1・1右上）。

そして二つ目の偽りは、原子に対するその原子核の大きさにある。本来、原子核はこのような図よりはるかに小さく描かれるべきなのだ。原子の大きさ、つまり電子が雲のように飛びかっている領域は0・1ナノメートル（1ナノメートルは1メートルの10億分の1、すなわち0・0000000001メートルのこと）ほどであるが、原子核の大きさはその10万分の1程度だ。原子一つを東京ドームのサイズにまで拡大しても、原子核はそのマウンドあたりにある砂粒一つの大きさにすぎない。

にもかかわらず、原子の質量の99・9パーセント以上はその原子核に集中している。すなわち物質は——あるいは私たちの体は——じつはスカスカで、そのほとんどの部分は物質に占められていない空洞なのである。なぜスカスカの私たちは透明人間のように透けて見えないのだろうか。それは光と物質の密接な関係によっている。

可視光・電波・X線——すべては光

光は波の性質をもつ。池に石を投げ入れたときに生じる波紋のように揺らめき、それは山と谷

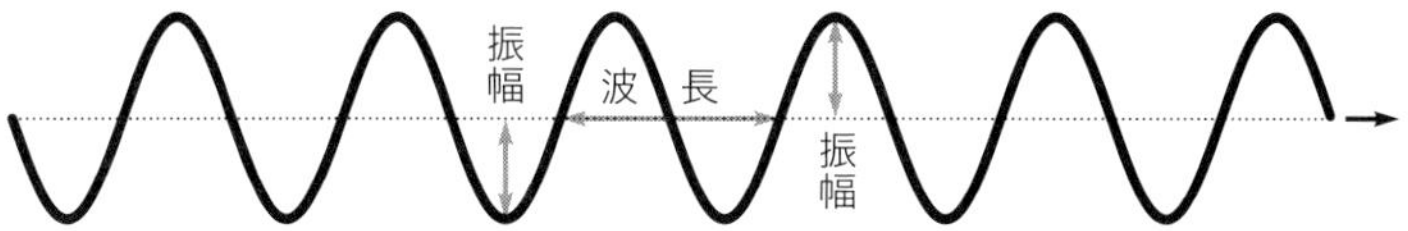

［図**1.2**］ **光の波の模式図**
点線は波の基準面、横矢印は波長、縦矢印は振幅を表す。

を描きながら伝わっていく。その山の高さ（＝谷の深さ）を**振幅**、一組の山と谷を描くあいだに光が進む距離を**波長**という（**図1・2**）。

ここで、レントゲン写真では人間の体のほとんどが透けて見えるという事実を思い出そう。レントゲン撮影では、体を透過してきたX（エックス）線をフィルムに感光させて——最近ではセンサーで記録したデジタルデータを処理して——画像にする。このX線の正体は、波長の極めて短い光である。

私たちの目に物質が透けて見えない理由は、光の波長にある。私たちが目で見ることのできる光、すなわち可視光の波長は400〜700ナノメートルであり、原子のサイズ約0・1ナノメートルよりはるかに長い。そのために、物質の表面を構成するおびただしい数の原子によって、可視光は吸収されたり反射されたりする。その反射された光を見ることによって、私たちは物質の存在を知覚できるわけである。

それに対し、X線の波長は原子のサイズと同じくらいかそれより短い。そのため、体や物質をつくる原子のあいだをすり抜けてしまう。

それにもかかわらずレントゲン写真で骨が影になって見えるのは、そのおもな構成要素であるカルシウム（原子番号20）が原子一つにつき20個も

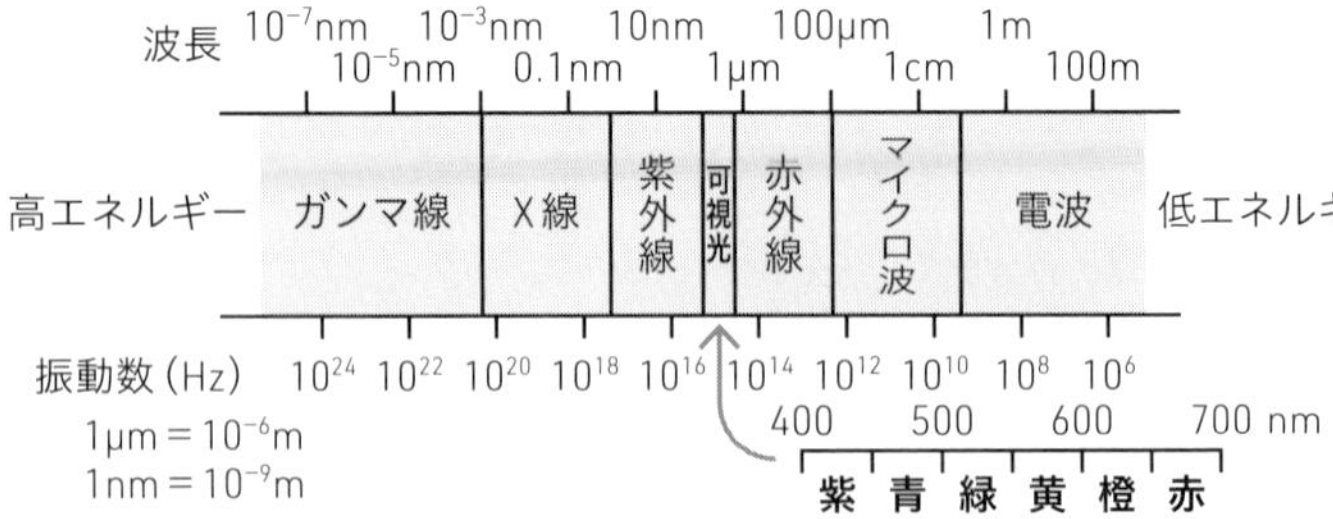

［図**1.3**］ **光（電磁波）の名称と、対応するおおよその波長および振動数**

の電子をもつからである。これは、たとえば酸素原子がもつ電子の数8個よりずっと多い。カルシウム原子のまわりを激しく飛びかう電子にX線がぶつかるために、骨を透過するX線の量が減り、それが影となるのだ。

光は可視光とX線だけではない。波長の短いほうから順に、ガンマ線、X線、紫外線、可視光、赤外線、マイクロ波、電波——日常的にも耳にするこれらすべての正体は同じ光だ（まとめて**電磁波**という。**図1・3**）。ちがいはただ一つ、その波長だけである。

現代人の多くがもっている携帯電話は、電波を送受信している。受信する電波の**振動数**（**周波数**ともいう）が1・5ギガヘルツだったとしよう。ギガは10億を表すので、1・5ギガヘルツという振動数は、その光の波が1秒間に15億回振動している——波の山と谷を繰り返している——ことを意味する。光はその波長にかかわらず1秒間に30万キロメートル進むから、これを振動数で割ると波長が20センチメートルであることがわかる。この電波をキャッチできる最小のアンテナの長さは、波長の4分の1に相当する5センチメートルくらいまでだ。1センチメートルのアンテナを内蔵する超小型の携帯電話をつくったとしても、1・5ギガヘルツの電波をキャッチすることはできない。携帯電話のサイズが10センチメートル前後であるのは理にかなっているのだ。

もう一つ大事なことを述べておこう。量子力学によれば、光は波と粒子の特徴を併せもつ存在であり、正確には波でも粒子でもない。まったく異なる生物である鳥と哺乳類の特徴を併せもつカモノハシのようなものだ。これは光に限らずミクロの世界の構成要素すべてに当てはまる。たとえば電子も正確には粒子ではなく、「粒子＋波」のようなものである。マクロの世界に住む私たちには、「粒子＋波」の姿を思い描くのがむずかしいので（見たこともないのにカモノハシの姿を想像するようなものだ）、便宜上、波といったり粒子と表現したりする。とりあえず光は（粒子のように）1個、2個、……と数えることができる波だと思っておけばいいだろう。

その一つひとつのことを**光子**という。光子のエネルギーはその振動数に比例する――いい換えれば波長に反比例する。つまり、光子一つのエネルギーを比べると、波長の長い電波では小さく、波長の短いX線では大きい。私たちが携帯電話の電波が飛びかう中で問題なく暮らしていられるのはそのためであり、X線を浴びすぎてはいけない理由は、エネルギーの高い光子が体の組織を破壊する危険があるからだ。

地球の元素組成

話をもとに戻そう。いうまでもなく、元素の周期表（口絵3）に載っているのはすべて、地球上に存在する——あるいは人工的につくられた——ものだ。この中で、天然に存在する安定な（放射性でない）元素は原子番号1の水素から原子番号83のビスマスまでの81個だ。原子番号43のテクネチウムと原子番号61のプロメチウムはいずれも**放射性元素**であり、天然には存在しない（テクネチウムに関しては、第5章参照）。このほかに、長寿命放射性元素のトリウム（原子番号90）とウラン（原子番号92）も天然に存在するので、これらをふくめると地球上に天然に存在する元素の数は83個である。

地球上に存在する元素の割合（元素組成という）はどうなっているのだろう。私たちが知ることができるのは、地殻（地表の岩石層）、海、大気など地表付近で採取された物質についてであり、地球内部の元素組成を直接調べることはできない。要するに、地球全体の元素組成を知る術はいまのところ存在しないのだ。

ここでは地殻の元素組成を見てみることにしよう（**図1・4**(a)）。図にはそれぞれの元素の質量比が示されている（元素記号と元素の読み方は口絵3を参照）。最も多いのは酸素（原子番号8）であり、質量比は0・46、つまり地殻全体の46パーセントを占める。これは私たちの呼吸

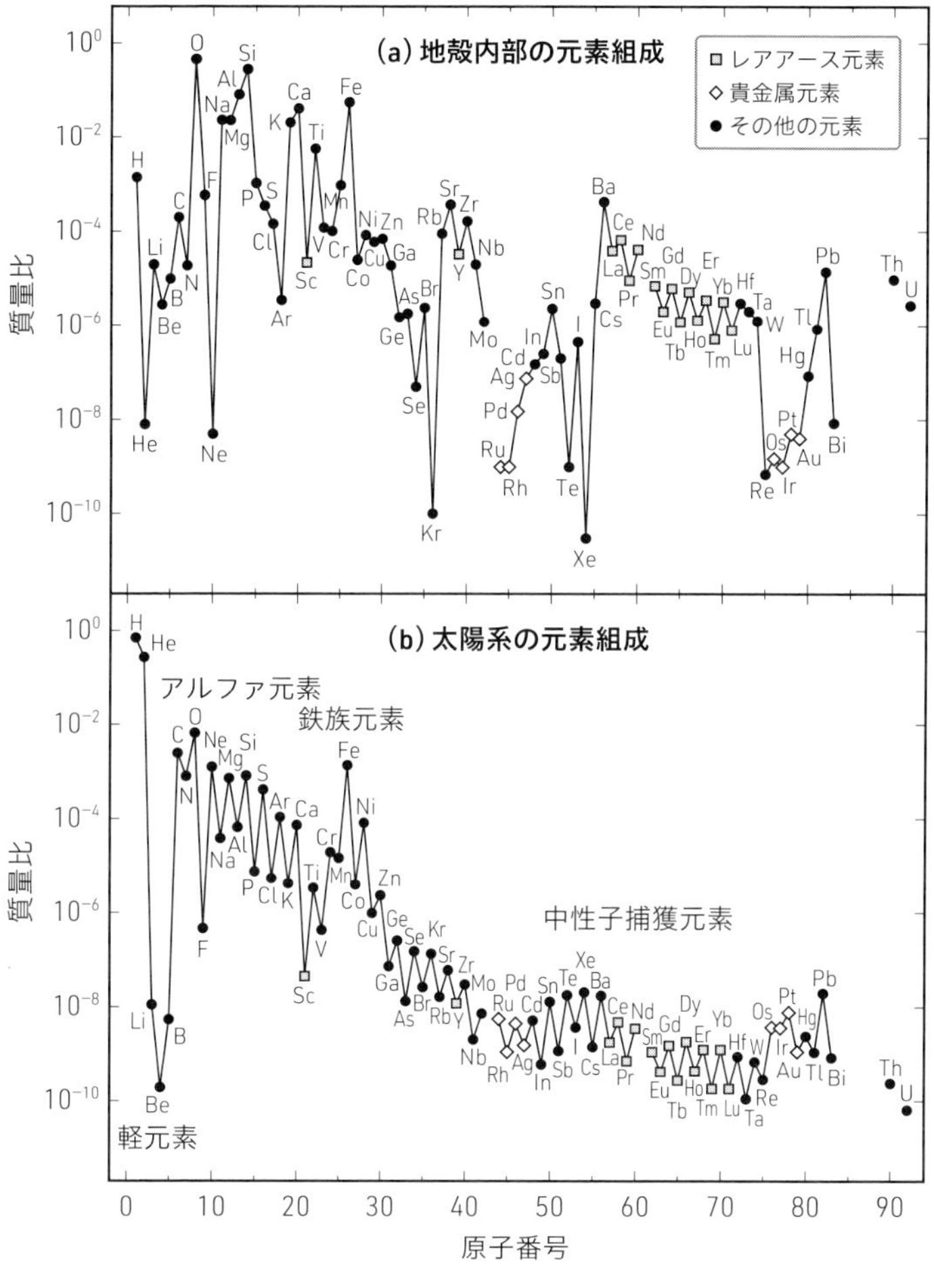

［図**1.4**］ **地殻内部(a)と太陽系(b)の元素組成**

質量比（すべての元素の質量の和を1としたときの比）を原子番号の関数として表す（元素記号は口絵3参照）。縦軸の目盛りは$10^0=1$, $10^{-2}=0.01$, $10^{-4}=0.0001$,…を意味する。テクネチウムとプロメチウム（原子番号43と61）は放射性元素であり、天然には存在しない。

数値データはそれぞれLide, D. R. (2004) およびLodders, K. et al. (2009) より引用。

に必要な気体の酸素分子ではなく、地殻の中に岩石として存在するものである。岩石の大部分は二酸化ケイ素、酸化アルミニウム、酸化鉄などの、酸素とほかの元素が結びついた化合物でできている。したがって、酸素についで多いのは、その結合相手となるケイ素（原子番号14）、アルミニウム（原子番号13）、鉄（原子番号26）であり、これらの4元素だけで全体の90パーセントを占めている。

元素の周期表のいちばん右の列に並ぶヘリウム（原子番号2）、ネオン（原子番号10）、アルゴン（原子番号18）、クリプトン（原子番号36）、キセノン（原子番号54）のような希ガスの存在量は極端に少ない。これらはほかの元素と結びついて化合物になることがなく、気体としてしか存在できないからである。そのほかについても、**レアアース**（元素の周期表の左から3列目のスカンジウム、イットリウム、そしてランタノイドすべてを合わせた17元素）が希少な元素であることがわかる。さらに**貴金属**（元素の周期表の中央に位置する原子番号44〜47と原子番号76〜79の8元素）の量も極端に少ない。それらに比べると、長寿命放射性元素であるトリウム（原子番号90）とウラン（原子番号92）の存在量は比較的多いといえるだろう。

地球の内部はどうなっているのか

この地殻の元素組成が地球全体を代表しているということができるだろうか。答えはノーだ。

46億年前、誕生したばかりの地球の内部はドロドロに溶けていた。小さな岩石が衝突を繰り返して現在の地球の大きさに成長するまでに、その衝撃による熱が内部に蓄えられたためである。そして現在もなお地球の中心部は数千度の高温状態にあり、そのまわりは熱い岩石質の物質で覆われている。地表からは内部の熱が地熱として少しずつ逃げているのに、現在も高温の状態にあるのは、内部に熱源があるからにほかならない。その熱源とは、長寿命放射性元素のトリウムとウランだ。

トリウム（同位体は質量数232のみ）の**半減期**（原子の個数が半分に減少するのにかかる時間）は140億年で、ヘリウム4を放出することにより崩壊する。ヘリウム4は**アルファ粒子**とよばれるので、これを**アルファ崩壊**という。トリウムはアルファ崩壊（および後で説明するベータ崩壊）を繰り返して、安定な同位体である鉛208に落ち着く。この崩壊のエネルギーが地球内部の熱源になっているのである。ウラン235とウラン238も同様に、それぞれ半減期7億年と45億年でアルファ崩壊（とベータ崩壊）を繰り返すことによりエネルギーを生じ、最終的に安定同位体である鉛207と鉛206に落ち着く。

このように、地球の年齢に匹敵する長寿命の放射性元素が安定的な熱源となっているために、地球の内部は現在も高温の状態を保っている。

地球の内部の物質は**対流**によってかき混ぜられている。対流とは、流動する物質が熱を運ぶ現象である。たとえば、熱いみそ汁をお椀に注ぐと、何もしなくても勝手にぐるぐるとかき混ぜられる様子が観察できる。熱い物質は膨張して軽くなるので浮かび上がり、冷たい物質は収縮して重くなるので沈み込むからだ。それに伴い、地球の重力にしたがって軽い元素は地表付近まで浮かび上がり、重い元素は地球の中心に向かって沈み込んでいく。地殻の元素組成で貴金属が極端に少ないのはそのためだ。なんとも残念なことに、重い元素の代表格である金（原子番号79）やプラチナ（白金、原子番号78）の99パーセント以上は、地球の中心部に沈みこんでいると考えられる。ただし、地球に存在する最も重い元素であるトリウムやウランは、水との親和性が高いという化学的な性質のために、地表付近にも比較的豊富に存在する。

このように、物質の対流や重力の影響と元素の化学的な性質により、地球内部の元素の分布は決まっている。したがって、地殻の物質の分析から地球全体の元素組成を推定することはむずかしい。

気体の水素やヘリウムのような軽い元素は、地球の重力でつなぎ止めておくことができない。地上に存在する水素はすべて、水や岩石などほかの元素と結びついた化合物として存在するものである。希ガスであるヘリウムは化合物をつくらないので、地上に引き止めておくことはできない。ときどき目にする空に浮かぶ風船——あの中に詰められているヘリウムガスは、じつは地中に存在するトリウムやウランのアルファ崩壊により生じたものである（ヘリウムは極めて希少な天然ガスなので、最近では別の気体が使われることも多いようだ）。

太陽は何でできているのか

地殻の元素組成は、地球全体はもとより私たちの太陽系を代表するものではない。それでは太陽は何でできているのだろう？　私たちが知っているのと同じ元素でできているのだろうか？　そもそも太陽の元素組成を調べることなどできるのだろうか？

月ならばロケットを飛ばして石を持ち帰ることもできるが、太陽は非常に熱いので、そういうわけにはいかない。ところがそんなことをしなくても、地球にいながらにして太陽の元素組成を調べるという芸当が可能である。ただ太陽の光を見ればいい——**分光**という方法を使って。

雨上がりの空にかかる虹——その原理を応用したのが分光だ。大気中の水滴によって白色の可視光が虹色に分かれるのを真似て、人工的に光を分けるのである。

ガラスの三角柱体のプリズムに細く絞った光を当てると、ガラスと空気の境界で屈折する（**口絵1左**）。このとき、赤い光に比べて青い光のほうが大きく屈折するために、色によって光の道筋が分かれる。これは、赤い光に比べて波長の短い青い光のほうがガラスをつくる分子のまわりの電子にぶつかりやすく、その進路が曲げられやすいという性質による現象である。

太陽の光を分光した結果が口絵1右だ。このように、光を色ごとに（つまり波長ごとに）並べたものを**スペクトル**という。この画像では、横に長い一つのスペクトルを見やすいように分割し

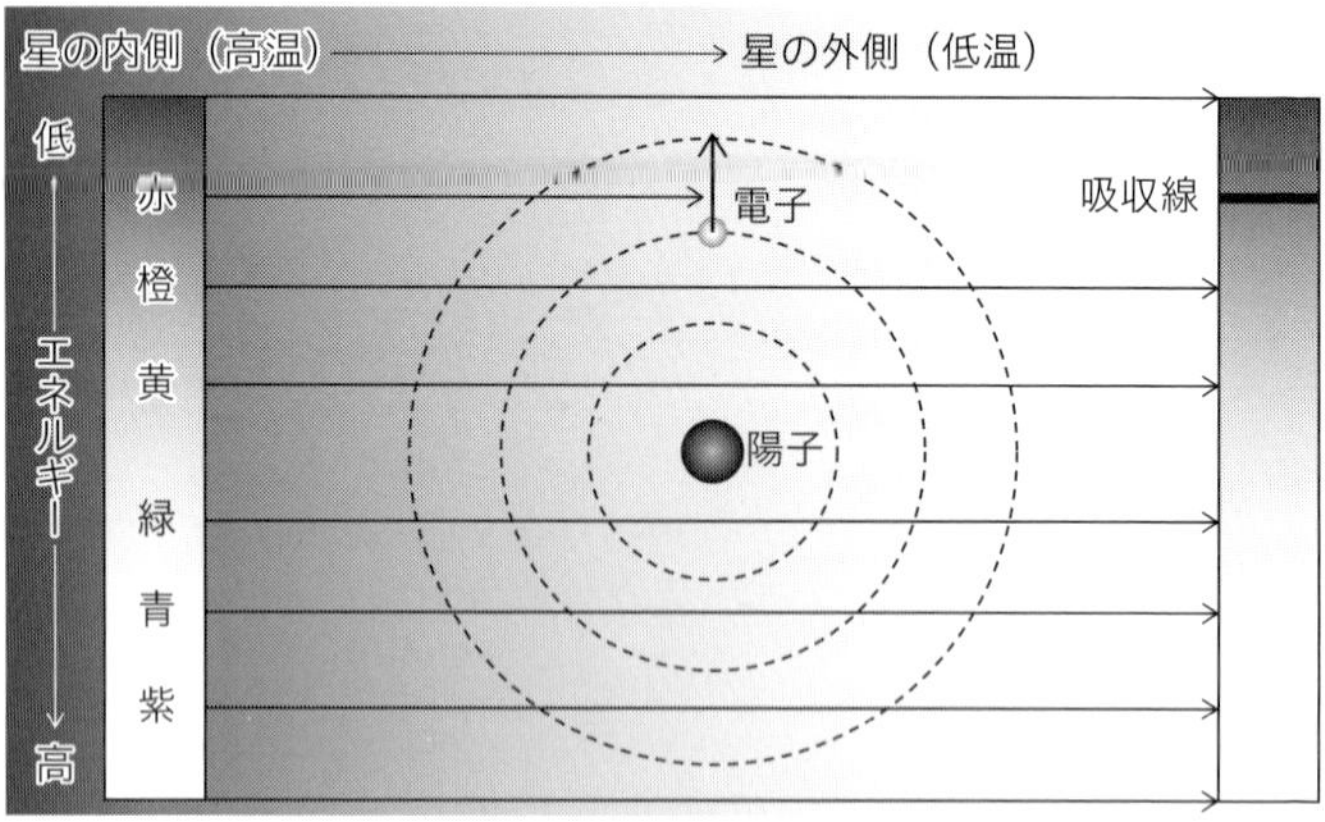

［図**1.5**］ **太陽光スペクトルに吸収線が生じるしくみ**
さまざまなエネルギー（波長）の光が太陽の中心から表面に向かっている。元素（この場合は水素）に特有のエネルギーをもつ光（この場合は赤い波長）は吸収され、電子はエネルギーの高い軌道に移る。対応する波長の光が地球に届かないために、太陽光スペクトルに黒い線（この場合はHアルファ線）が現れる。

て、波長の短いほうから順に下から上へ並べてある。注目してもらいたいのは、青、緑、赤と色が移ろう中に見られるバーコードのような無数の黒い線だ。じつは、このバーコードを調べれば、太陽にどの元素がどのくらいの割合でふくまれているのかがわかる。

スペクトルに現れる黒い線は、相当する波長の光が欠けている、つまり地球に届く前に吸収されてしまったことを意味する。そのため、これらの線は**吸収線**とよばれる。その光を奪ってしまった犯人は、太陽を構成する気体原子のまわりの電子である。電子が特定の波長の光エネルギーを吸収してしまうのだ。光を吸収した電子は、エネルギーの高い軌道に飛び移る（**図1・5**）。吸収線がどの色、すなわちどの波長に現れるかは元素によって決まっていて、各元素の吸収線の波長は実験室で測定することができる。

輝線と吸収線——元素固有のバーコード

実験室では、熱した気体が発する光を分光する。温められた原子のまわりの電子はエネルギーの高い軌道に移るが、それがエネルギーの低い軌道に落ちるときに、そのエネルギーの差に応じた波長の光を発する。したがって、熱した気体が発する光を分光すると、元素に特有の波長にひときわ明るい線が見られる（つまりバーコードが明るい線になる）。これを**輝線**という。

たとえば温められたネオンのガスであれば、オレンジ色の波長に対応する多くの輝線が見られる。看板などに使われるネオンサインが独特のオレンジ色を呈するのはそのためだ。また、打ち上げ花火の色とりどりの美しい光は、さまざまな元素が発する固有の波長に対応する輝線である（化学の授業で習った炎色反応のことだ）。そのほかにも、蛍光灯やLED（テレビやスマートフォンに使われる液晶のバックライトもそうだ）など、ロウソクや白熱電球を除くほとんどの人工的な照明は、さまざまな元素が放つ輝線を利用している。

輝線と吸収線は、原子が元素に特有の波長の光を放出するか吸収するかのちがいにより生じるので、その明るい線と暗い線の位置（波長）は同じである。むき出しになっている高温の気体が光を発するとき（実験室や人工照明の場合）は輝線が、高温の気体から生じた光がそれより低温の気体を通過するとき（太陽の場合）は吸収線が現れる、と覚えておけばいいだろう。実験室であれば任意の元素からなるガスを用意することができるので、その特有の輝線（と吸収線）に対応する波長を調べることができるというわけだ。

たとえば、水素の輝線の一つは656・28ナノメートルの波長をもつ（**Hアルファ線**という）ことが実験でわかっている。したがって、太陽光スペクトルに同じ波長の吸収線があれば、太陽には地球と同じ水素があると結論できる。さらに吸収線の太さから、どの元素の割合が多いか少ないかということまでわかってしまうのである——スーパーのレジでバーコードをセンサーにかざすと商品名や金額まで特定されてしまうように。

あらためて太陽光スペクトル（口絵1右）をよく見ると、上から8段目右半分の中ほどにひときわ太い吸収線があるのがわかるだろう。これがHアルファ線だ。つまり太陽には水素が豊富に存在するのだ。同様にして、太陽には地球とまったく同じ元素が存在していることが明らかにされたのである。

太陽系の元素組成

しかしながら、その割合は地殻の組成とはかなりちがう。最も多いのは水素で、その次に多いのはなんと、地球にはほとんど存在しないヘリウムである。この二つの元素で全質量の98パーセントを占める。太陽は地球よりはるかに重力が強いので、水素やヘリウムのような軽い元素も引き止めておくことができるのだ。

太陽では、地球のように重い元素が中心に沈み込むことはないのだろうか？　太陽は激しく飛び回る気体粒子のガスでできているので、重力の影響は比較的小さいと考えられている。

太陽光スペクトルに、地球には存在しない未知の元素は見つからなかったのだろうか？　じつは、当初はヘリウムがその未知の元素だと考えられていた。1868年、太陽のへりの部分からのスペクトル中に波長587・49ナノメートルの輝線が見つかった。その波長に対応する元素が知られていなかったため、ギリシャ語で太陽を意味するヘリオスにちなんで、ヘリウムと名づけられた。太陽のへりの外側にガスはほとんど存在しないので、これは吸収線ではなく輝線として観測された。後に、ウラン鉱からアルファ崩壊により生じるヘリウムが発見され、地球にも同じ元素が存在することが明らかにされた。

かくして太陽は地球と同じ元素でできていることがわかった。そして、地球には少ない水素やヘリウムをおもな成分とする、ガスの塊であることが明らかにされた。太陽は太陽系全体の99パーセント以上の質量を占めるので、これが太陽系全体の元素組成を代表しているといっていいだろう。

ただし、太陽光スペクトルの分析では同位体の組成を知ることはできない、という問題がある。元素の吸収線の波長というような化学的性質は陽子数と電子数でほぼ決まり、中性子の数にはよらないからである。ところが、じつは、地球にいながらにして太陽系の元素の同位体組成を調べる方法がある。空から降ってくる隕石を分析すればいいのである。

地球に降りそそぐ隕石の多くは、火星と木星のあいだにある小惑星帯からやってくる。小惑星どうしや小惑星と岩石が衝突したときの破片である。小惑星の中でも直径が数十キロメートル以下の小型のものは、容易に熱が外に逃げてしまうために、太陽系が誕生したときから内部が溶けたことは一度もないと考えられている。そのような小惑星の破片である隕石は、地球のように対流や重力などの影響を受けていない――太陽系が46億年前に誕生したときの元素組成をそのまま保持する化石のようなものだ。

そのような溶けた形跡のない隕石（**炭素質コンドライト**という）を見つけ出してやれば、質量分析により同位体組成が得られる。ただし、炭素質コンドライトは非常に珍しい隕石であり、これまでにたったの5個しか見つかっていない。

このように、太陽系の元素組成は、太陽光スペクトルと隕石の分析というまったく異なる手法から推定することができる。そして、その二つの手法によって得られた元素組成は驚くほど一致することが明らかになっている。つまり太陽の元素組成は、太陽系が誕生したときからほとんど変化していないということだ。

こうして得られた太陽系の元素組成を図1・4(b)に示した。地殻の組成とはかなり異なることがわかるだろう。なぜ軽い元素が重い元素より多いのか、なぜリチウム、ベリリウム、ホウ素が極端に少ないのか、なぜ鉄が際立って多いのか、なぜギザギザの分布を示すのか、……など疑問はつきないと思うが、これらの謎はこの先の章で一つひとつ解き明かされていくだろう。

一ついえるのは、太陽系が誕生した46億年前には、これらすべての元素がすでに存在していたということだ。多様な元素が太陽や地球でつくられたものでないことだけは確かである。次章で明らかになるように、宇宙の歴史がはじまったとき（138億年前）に存在していた元素は水素、ヘリウム、そしてわずかばかりのリチウムだけだ。そのほかのすべての元素は、それから太陽系が生まれるまでのあいだに宇宙のどこかでつくられたのだ。

こうして、太陽は地球と同じ元素でできていることが明らかになった。ほかの星、たとえばオリオン座に輝く青い星リゲルや赤い星ベテルギウス、織姫星のベガや彦星のアルタイル、……についてはどうだろう。じつは、太陽と同様のスペクトルの分析によって、はるかかなたできらめく星々も太陽と同じような元素組成をもつことがわかっている。そう、夜空にちりばめられたすべての星々は、私たちの体や身のまわりのものをつくっているのと同じ元素でできているのである。

第2章

水素とヘリウムができるまで
——138億年前のビッグバン——

宇宙は時間も空間もない「無」からはじまったらしい。では宇宙がはじまる前には何があったのだろう？　そういう疑問をもつかもしれないが、無というのはそういう問いすら成り立たないということだ。何だか禅問答のように聞こえるかもしれない。じつのところ、その無が何を意味するのかすらよくわかっていない。存在と非存在のはざまで、どちらにするか決めかねて揺らいでいるような状態なのだろう。そしてひとたび存在することを決めた宇宙は、二度と非存在に後戻りすることはない。どのような理由で宇宙が存在を選んだのかは、神のみぞ知るところなのかもしれない。

しかしながら、少なくとも宇宙にはじまりがあったことは、観測的に実証されている紛れもない事実である。そして、そのはじまりの瞬間には、いかなる元素も存在していなかったのだ。

すべての銀河が遠ざかる

1920年代、エドウィン・ハッブルは当時の最新の望遠鏡を用いて、かつては光るガスの塊だと思われていたアンドロメダ星雲が、じつは極めて多くの星からなる銀河であることを発見した。それに続いて、宇宙には無数の銀河が存在することも明らかになった。私たちの住む太陽系も天の川銀河に属している（詳しくは第6章参照）。いまでは、アンドロメダ銀河は私たちから250万光年のかなたにある銀河であることがわかっている。1光年とは光が1年かけて進む距離で、約9・5兆キロメートル（太陽と地球の距離の約6万3000倍）という想像しがたい距離だ。アンドロメダ銀河はさらにその250万倍のところに存在するのだが、広い宇宙の中では、それは私たちのご近所といえなくもない。

1927年にジョルジュ・ルメートルが、その2年後にハッブルが、ほぼすべての銀河が私たちから猛スピードで遠ざかっていることを突き止めた。なぜそんなことがわかったのだろうか？

ドップラー効果による光の波長の変化を利用したのである。

ドップラー効果とは次のようなものだ。もし救急車のサイレンが聞こえたら、その音の変化に耳をすましてみると実際に体験できる。音は空気の振動が波として伝わる現象であり、音波は1秒で340メートルくらい進む。サイレンの音波が水面の波紋のように空気中を伝わる様子を想像してみよう。音源（サイレン）とともに救急車が私たちに近づいてきているときは、その波紋は圧縮されて波の間隔が狭く（波長が短く）なる——つまり周波数（振動数）が高くなる。それに対し、救急車が私たちから遠ざかるときは、波紋が引き伸ばされる（波長が長くなる）ので、低い周波数に変化する。救急車が目の前を通過した途端に、サイレンの音のトーンが急に下がるのはそのためだ。

同じことが光の波にも起きる（**図2・1**）。仮に救急車が光の速度に迫るくらいの猛スピードで近づいてきたとしよう。光の波紋は間隔が狭まる、すなわち波長が短くなるので、赤色灯は青く見えることだろう（救急車の中からは赤信号が青く見えることになる）。そして救急車が私た

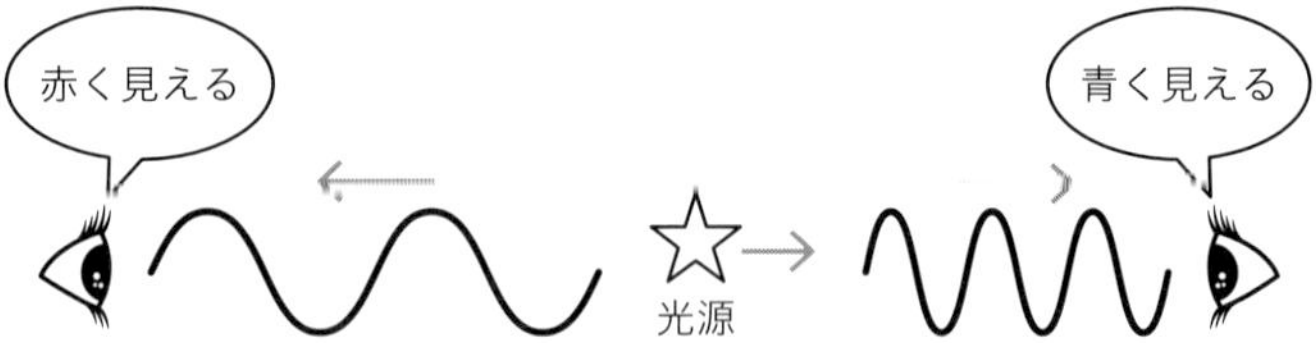

［図**2.1**］ **光のドップラー効果**
運動している光源が発する光は、光源が近づく側からは青く、遠ざかる側からは赤く見える。

ちの前を通り過ぎた後は、灯の赤い光は赤外線にまで波長が引き伸ばされて見えなくなるだろう（海外で見る青色灯を載せた救急車の場合は、赤く見えることになる）。このように、遠ざかる物体から発せられる光の波長がドップラー効果により引き伸ばされることを**赤方偏移**という。物体（光源）がより速く遠ざかるほど波長の変化も顕著になる。もちろん救急車はそんなに速く走れないので、現実の世界で赤色灯や信号の色が変わって見えることはない。

ルメートルとハッブルが導いたのは、赤方偏移から得られた銀河の遠ざかる速さ（**後退速度**）と、銀河までの距離との関係だ。元素に特有の吸収線または輝線の波長が、実験室で得られている値からどれくらい引き伸ばされているか、つまりスペクトル上でどれだけ波長の長いほうにずれているかを調べれば、銀河の後退速度を求めることができるというわけだ。銀河までの距離は、その銀河に属する絶対的な明るさがわかっている天体（ある種の変光星や、第4章で登場するIa型超新星など。**標準光源**という）の見かけの明るさから推定することができる。

その結果は驚くべきものだった。ほとんどすべての銀河は、私たちからその銀河までの距離にほぼ比例する速さで遠ざかっているというのだ（アンドロメダ銀河のような比較的近くにある銀河に限れば、私たちに近づいているものもある）。たとえば、私たちから500万光年先にある銀河は秒速100キロメートルくらい、1000万光年先の銀河は秒速200キロメートルくらいの速さで遠ざかっている。この、銀河までの距離と銀河の後退速度との関係（後退速度＝ハッブル定数×距離）は、**ハッブル‐ルメートルの法則**とよばれている。

比例定数（**ハッブル定数**）は、現在の宇宙が膨張する割合である（正確には、私たちが見ている遠方の銀河の光は過去の宇宙から放出されたものであるが、たとえば数億光年先くらいまでであれば、宇宙138億年の歴史の中では現在の宇宙とみなすことができる）。ここで「現在の」と断っているのは、第4章で明らかにされるように、過去の宇宙は現在と異なる割合で膨張していたからだ。

すべての銀河が遠ざかっているというと、私たちが宇宙の中心にいるかのような気がするかもしれないが、それは錯覚にすぎない。碁盤の目のいくつかに銀河に見立てた碁石を置いたとしよう。その碁盤宇宙を一様に拡大していけば、どの碁石銀河からもほかのすべての碁石銀河が距離に比例した速さで遠ざかるように見えるはずだ。たとえば私たちから碁盤の目1マス、2マス、3マス、……離れた位置に碁石銀河があるとしよう。碁盤宇宙が、その1マスの一辺の長さが1億光年から3億光年になるまで一様に膨張したとき、それぞれの碁石銀河は私たちから3億光年、6億光年、9億光年、……の位置まで移動する——私たちからさらに2億光年、4億光年、6億光年、……だけ（つまり、距離に比例した速さで）遠ざかることになる。そしてまったく同じことが、別の碁石銀河から見た場合にも当てはまる。これはむしろ、宇宙には中心のような特別な場所がどこにもないことを物語っている。現実の碁盤には端があるから中心もあるが、宇宙には端がないから中心もないのだ。地球の表面に中心も端もないのと同じようなものだと考えればいいだろう。

ハッブル－ルメートルの法則は何を意味しているのだろう？　銀河が互いに遠ざかっているということは、時をさかのぼれば、過去にはすべての物質が一点に凝縮されていた瞬間――宇宙のはじまり――があったことになる。赤方偏移の発見に先だって、１９１５年にアルベルト・アインシュタインが発表した一般相対性理論の方程式には、膨張する宇宙の解がふくまれていることが知られていた。それにしたがって解釈すると、宇宙は一点からはじまって膨張し続けていることになる。

この宇宙膨張の解釈は、現在では事実として受け入れられている。しかし、宇宙が未来永劫にわたって定常的な（変化しない）ものであることを疑ったことすらない当時の人々には受け入れられるはずもなかった――その理論の礎を築いたアインシュタインでさえも例外ではない。

宇宙マイクロ波背景放射——電子レンジの中の宇宙

人類の宇宙観の根幹を揺るがすような宇宙膨張説が受け入れられるまでに、相当の時間を要したことは想像に難《かた》くない。宇宙膨張が定説となるには、誰も疑問をさしはさむ余地のない明快な観測事実が必要だった。

もし宇宙が膨張しているのなら、宇宙のはじまりはとても熱かったはずだ。このことは、たとえば自転車のタイヤに空気を入れるときのことを思い出すとわかりやすい。思いきりポンプのハンドルを押して空気を入れていると、タイヤは熱くなる。これは、タイヤの中の空気が圧縮されることにより、分子の運動が激しくなるからだ。そして、温度が高いというのは、分子の運動が激しい状態のことである。たとえば、やかんの蒸気に手をかざしたときに熱いと感じるのは、激しく運動する水の分子が私たちの指の皮膚をつくる分子に激しくぶつかるからだ。このポンプの例のように、外部と熱をやりとり（つまり温めたり冷やしたり）することなく気体を圧縮することを、**断熱圧縮**という。私たちが時間をさかのぼる、すなわち宇宙を断熱圧縮させていくと、灼熱の宇宙のはじまりに行き着くことだろう。この灼熱の宇宙——熱い火の玉——は**ビッグバン**とよばれるようになった。

熱い火の玉だった宇宙はエネルギーの高い光、つまり波長の短いガンマ線で満たされていた。

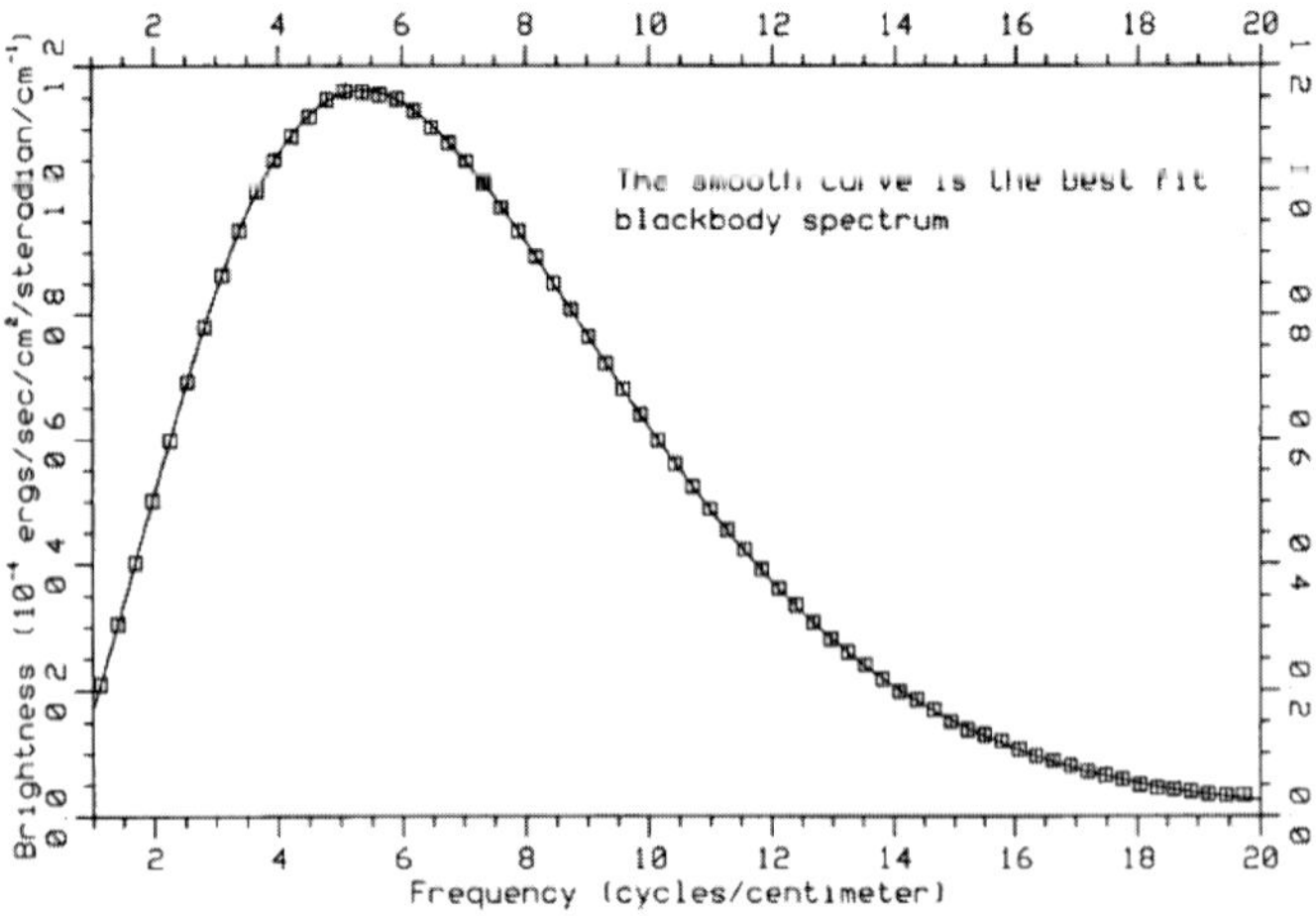

［図**2.2**］ **宇宙マイクロ波背景放射のスペクトル**
マイクロ波の強度（縦軸）が周波数（横軸）の関数で表されている。四角（□）はCOBE衛星による観測値。実線は宇宙が絶対温度2.73度としたときの理論値。Mather, J. C., *et al.*（1990）より引用。

そして、宇宙空間が膨張するとともにその波長は引き伸ばされるので、現在の宇宙は昔より波長の長い光に満ちているということになる。1960年代半ば、ついにその波長の長い光――マイクロ波――が宇宙のあらゆる方向からやってきていることが、電波望遠鏡を用いた観測により明らかになった。

マイクロ波とは波長が赤外線より長く電波より短い光で（図1・3参照）、電子レンジで食べ物を温めるのにも使われている。そう、宇宙は電子レンジの中のようにマイクロ波という光で満たされているのである。ただし、そのマイクロ波の強度は電子レンジの中よりずっと低いので、私たちが調理されてしまう心配はない。

その後の人工衛星を用いた観測により、この宇宙を満たすマイクロ波（**宇宙マイクロ波背景放射**とよばれる）の振動数（または波長）の分布が調べられた。その分布から、現在の宇宙の温度を理論的に計算することができる。そしてその分布が、絶対温度2・73度（絶対温度0度は摂氏マイナス273・15度）の場合について理論的に計算されたものと完全に一致することが明らかにされた（**図2・2**）。このような理論と観測のあまりに見事な一致により、宇宙膨張説に異論を唱える余地は完全に消滅したのである。

無から生じた宇宙は、次のようにしてビッグバンに至ったと考えられている。

生まれたばかりの宇宙は想像もつかないような極小サイズだった。「京」という単位をご存じだろうか。1兆の1万倍のことである（1の後ろにゼロが16個並ぶ）。生まれたての宇宙のサイズは1ミリメートルの1京分の1のさらに1京分の1くらいであると考えられている（指数表現のほうがわかりやすければ、10^{-35}メートルだ）。それが、**インフレーション**とよばれる急激な膨張により、たとえば手のひらのサイズくらいにまで一瞬にして成長し、そして熱い火の玉になったとする説が有力である。真空のエネルギーというものがあり、それによって極小サイズの宇宙は加速的に膨張し、最後にその残された莫大なエネルギーから物質がつくられた。こうして物質の創成とともにビッグバンがはじまったというのである（本当のところはよくわかっていない）。

このとき、物質は自由に動き回るクォークからなっていた。

インフレーションがはじまってから10万分の1秒後には、それまで自由に動き回っていたクォークは勢いを失い、三つのクォークからなる核子（陽子または中性子）に閉じ込められる。こうして宇宙は、元素の材料となる陽子、中性子、電子からなるガスで満たされることになった。計算によると、このときの宇宙の温度は1兆度程度であった。

宇宙最初の10分間——水素とヘリウムができるまで

これで元素をつくる材料はそろった。ここからは時間との戦いだ。何しろ、単独の中性子（原子核を構成する中性子と区別するため**自由中性子**という）は半減期10分で電子を放出して陽子に崩壊してしまう。電子はベータ粒子とよばれるので、この中性子の崩壊を**ベータ崩壊**という。もともと電気をもたない中性子が、+1の電気をもつ陽子と−1の電気をもつ電子に崩壊するので、電気の量の和は変化しない。ちなみに、安定な原子核中の中性子はベータ崩壊を起こさない。私たちの体の質量の半分近くは中性子でできているが、酸素や炭素のように安定な元素はベータ崩壊を起こすことはないので、安心していい。何はともあれ、ビッグバンがはじまったら10分以内に中性子を原子核に取り込んだ元素をつくらなければならない。

まず陽子と中性子が結びつく。こうしてできるのは、原子番号1で質量数2の同位体——重水素の原子核だ。ひとたび重水素がつくられると、これをもとにしてさまざまな同位体がつくられるようになる。重水素と中性子がくっつくと三重水素、重水素と陽子がくっつくと原子番号2で質量数3の同位体、すなわちヘリウム3の原子核ができる。

　このように、二つの原子核（または核子）が結びついて異なる同位体の原子核になることを**核融合**という。また、核子どうしを結びつける力を**核力**という。核力は電気的な反発力よりはるかに強いので、ヘリウム3の原子核を構成する陽子どうしが反発して壊れることはない。

　こうして新たにつくられた同位体がさらに核融合を繰り返すことにより、宇宙の最初の約10分間に水素、ヘリウム4、そしてわずかな量の重水素、三重水素、ヘリウム3、リチウム7（原子番号3）、そしてベリリウム7（原子番号4）がつくられる（**図2・3**）。三重水素は12・3年の半減期でベータ崩壊を起こす放射性同位体である。ベータ崩壊により原子核中の中性子が陽子に入れ替わるので、三重水素は安定なヘリウム3になる。また、ベリリウム7は53・2日の半減期で安定なリチウム7になる。

　以上のプロセスを**ビッグバン元素合成**という。ビッグバンでつくられる元素はたったこれだけ――水素、ヘリウム、リチウム――だ。私たちの体をつくる酸素や炭素はまだ宇宙には存在しない。

　なぜリチウムより重い元素はつくられなかったのだろう？　たとえば陽子とヘリウム4から質量数5のリチウム同位体、あるいは二つのヘリウム4から質量数8のベリリウム同位体がつくられ、それらをもとにしてさらに重い元素がつくられてもよさそうなものだ。ところが、自然界では質量数5と8の同位体が存在できない。だから、そのような核融合は起こらないのである。そ

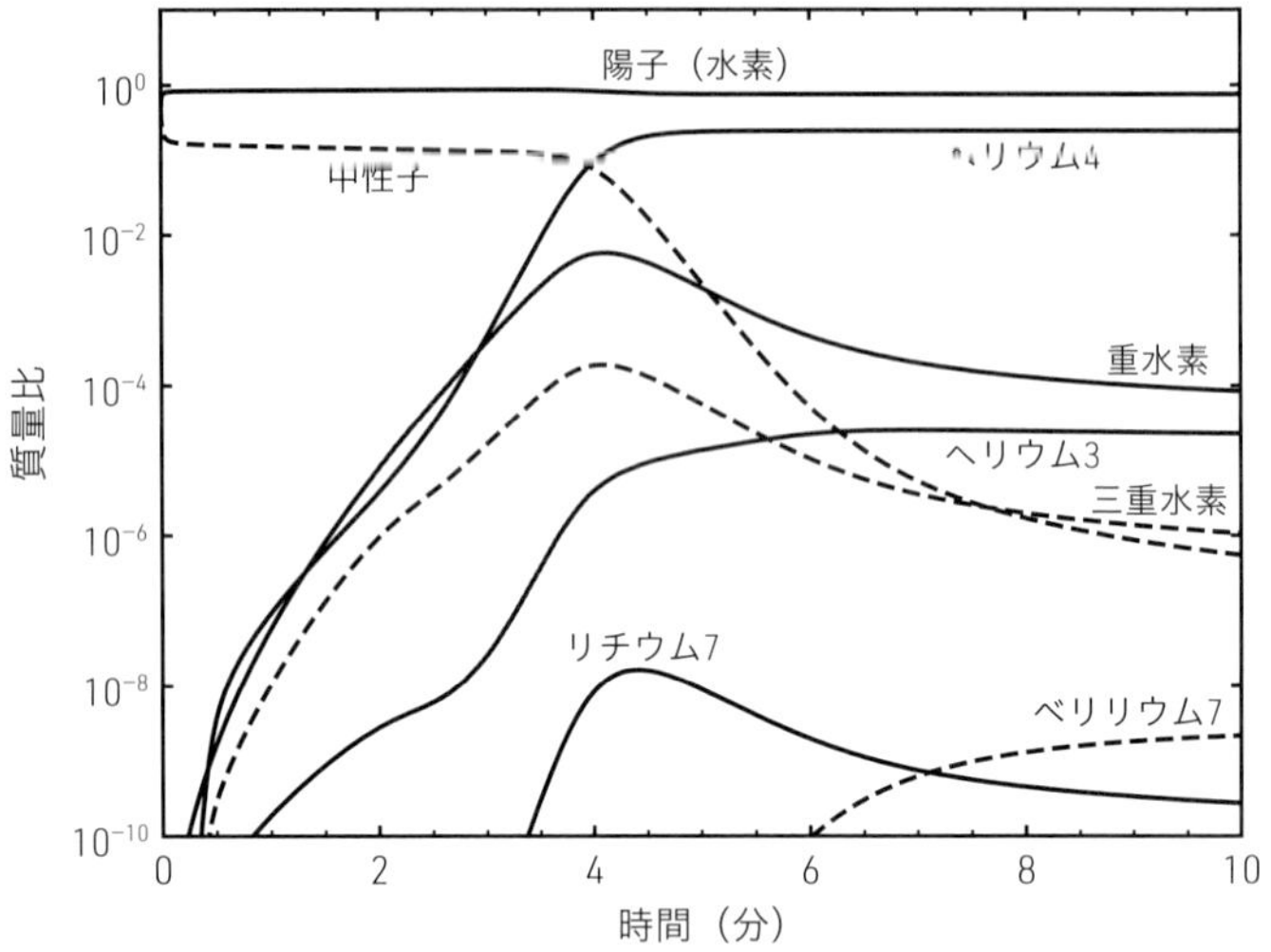

［図**2.3**］ **ビッグバンでつくられる元素**

それぞれの同位体の質量比（すべての元素の質量の和を1としたときの比）が時間とともに変化する様子が表されている。縦軸の目盛りは$10^0=1$, $10^{-2}=0.01$, $10^{-4}=0.0001$, …を意味する。安定同位体は実線で、放射性同位体は破線で示す。数値データはAlain Coc氏より提供。

して宇宙膨張に伴いガスが希薄になると、原子核どうしが出会うこともなくなり、ビッグバン元素合成は終わりを迎える。

計算によると、ビッグバンでつくられるヘリウム4の質量比は0・25である（図2・3）。これは、銀河に存在するヘリウムの質量比の下限値と見事に一致する。すなわち、銀河が誕生する前——宇宙のはじまり——から質量比で25パーセントのヘリウムがすでに存在していたことが、観測で確かめられているのだ。この理論的に計算されたヘリウムの質量比が観測事実をよく説明することは、宇宙マイクロ波背景放射に加えてビッグバン説が支持されるに至った、もう一つの大切な理由である。

太陽系のヘリウム4の質量比は約28パーセントと、やや大きい。これは、太陽系の誕生以前に生涯を終えた星々の中でつくられたヘリウムが放出され、それが太陽系の材料の一部となったためである（詳しくは第3章参照）。

重水素とヘリウム3についても、理論的な予測値と観測結果がほぼ一致することが知られている。ところがリチウム7については、観測値が理論値より少ないという不一致が問題になっている。これはビッグバン元素合成の**リチウム問題**とよばれている。宇宙初期に誕生した星の表面に観測されるリチウムの量が、ビッグバンの理論から予測される値の3分の1しかないのだ。リチウムは核融合によって壊されやすい元素なので、星の表面付近で減少してしまった可能性が考えられるものの、いまだに解決されていないビッグバン説にまつわる唯一の謎である。

宇宙の晴れ上がり——電子の雲から解き放たれた光の残照

ビッグバン元素合成でつくられた直後の元素は、原子ではなく原子核として存在している。すなわち、電子は原子核に束縛されることなく動き回っている。そして宇宙が膨張して温度が下がるにつれ（**断熱膨張**では、断熱圧縮とは逆に温度が下がる）、それまで自由に飛び回って雲のように光の進路を遮っていた電子は、次第に勢いを失う。ビッグバンから約28万年後、宇宙の温度が3500度くらいにまで下がると、電子は陽子にとらえられはじめる——水素原子の誕生である。

そしてビッグバンから約38万年後、宇宙の温度が3000度くらいになると、宇宙膨張により波長が引き伸ばされた光はようやく電子の雲から解放される。これを**宇宙の晴れ上がり**という。雨があがり、陽の光が差しはじめたようなものだ。このときの光の波長のピークは赤外線にあったので、黄昏のように赤く染まる宇宙であっただろう。そして宇宙の膨張とともに光の波長はさらに引き伸ばされていく。現在の宇宙を満たしているマイクロ波——宇宙マイクロ波背景放射——は、このわずか38万歳の宇宙が解き放った光の残照である。

こうして晴れ上がった宇宙は次第に光を失い、やがて漆黒の闇に包まれる。宇宙に最初の星明かりが灯るのは、それから数億年も先のことである。

第3章

炭素と酸素ができるまで
——星の中の核融合——

宇宙の晴れ上がりとその後の暗黒の時代を経て最初の星が生まれたのは、ビッグバンから数億年ほどたったころのことであると考えられる。やがて星の集まりが銀河をつくり、その中で幾度となく星の誕生と死が繰り返され、宇宙が92億歳のとき、つまり現在から46億年前に私たちの太陽系が誕生した（第6章参照）。第1章で見たように、そのときにはすでに83種類の元素がすべてそろっていた。ビッグバンでつくられた元素が水素、ヘリウムとわずかながらのリチウムだけだったということは、残りの80個の元素は、それから太陽系が誕生するまでのあいだに宇宙のどこかでつくられたはずだ。これからその元素誕生の物語を見ていこう。

太陽は身を削って輝いている？

ところで、太陽はどうしていつも変わらず輝いているのだろう？

答えを明かす前に、本書に登場する唯一の数式——**アインシュタインの式**——を紹介しておこう（**図3・1**）。おそらく世界で最もよく知られている数式ではないだろうか。これは、1905年にアインシュタインが発表した**特殊相対性理論**の基礎をなす式の一つである。Eはエネルギー、mは質量、cは光の速度（つまり定数）であるから、この式はエネルギーと質量が同等であることを意味している。この説明だけではいまひとつピンとこないかもしれないが、とりあえず太陽の場合について、この式の意味を考えてみよう。

$$E = mc^2$$

［図**3.1**］ **アインシュタインの式**
Eはエネルギー、mは質量、そしてcは光の速度（定数）を表す。エネルギーと質量が等価であることを意味する。

地表の、たとえば1平方センチメートルあたりに降り注ぐ太陽光のエネルギーは計測することができる。その値から、太陽が全方位に放つ光の総エネルギーは4京ワットのさらに100億倍という、とてつもない量であることがわかる。言い換えれば、100ワット電球が放つエネルギーの4京倍のさらに1億倍ということだ。

少し強引だけれど、これにアインシュタインの式を当てはめてみよう。すると、太陽はみずからの質量を1秒あたり400万トンという勢いでエネルギーに変換していることになる。まさに、太陽は身を削りながら輝いているのである。こう聞くと、そのうち太陽はなくなってしまうのではないかと不安になるかもしれない。計算によると、太陽がその生涯で失う質量は地球200個分にもなる。それでも心配する必要はない。太陽の質量は地球の30万倍もあるのだ。太陽がその一生のあいだにこの減量で失う質量は、全質量の0・1パーセントにも満たない。

星は水素を燃やして輝く

太陽の減量の正体は何か。それは**水素核融合**である。第1章で見たように、太陽の大部分は水素とヘリウムでできているのだった。太陽は約46億年前に、宇宙空間に漂う冷たい水素とヘリウムからなるガスが重力で収縮することにより誕生した。

このとき、断熱圧縮により内部の温度は上昇する。温度が高いということは、分子や原子の運動が激しいということだった。温度が10万度を超えるころには、水素原子のまわりの電子は原子核（陽子）からはぎとられてしまい、単独の陽子と電子になる（これらは**自由陽子**、**自由電子**とよばれる）。

それでも、ビッグバンのときのような核融合はなかなか起こらない。ビッグバンのときと異なり、太陽の中には自由中性子が存在しないからだ。プラスの電気をもつ陽子どうしは、くっつこうとしても反発してしまうのである。

生まれたばかりの太陽は、水素核融合がはじまるまで、みずからの重力で収縮（**重力収縮**）を続ける。やがて中心の温度が1000万度を超えるころには、激しく動き回る陽子どうしがその電気的な反発力に打ち勝って十分に接近するようになる。それでもまだ核融合は起こらない。都合の悪いことに、二つの陽子でできたヘリウム2という同位体は存在しないのだ。

ここでちょっとしたトリックが必要になる。二つの陽子が十分接近しているあいだに陽子が中性子に変われば都合がいい。そうすれば、陽子と中性子一つずつからなる同位体――重水素――ができるというわけだ。これは、中性子が陽子に変わるベータ崩壊の逆のプロセスである。+1の電気をもつ陽子が中性子に変化するには、−1の電気をもつ電子ではなく、+1の電気をもつ**陽電子**

を放出しなければならない。果たしてそんなトリックが実際に可能なのだろうか。

この**陽電子崩壊**は、自由陽子の場合は起こらない。なぜなら、陽子より中性子のほうが0・1パーセントほど質量が大きいためである。勝手に質量が増えるなどということは、自然界では起こらないのだ。

ところが、二つの陽子が十分に接近しているあいだは、陽電子崩壊が起こりうるのである。なぜなら、二つの自由陽子の質量は重水素の質量よりわずかに大きいからだ。かくして二つの陽子から重水素ができる核融合が可能になる。

ただし、二つの自由陽子が接近している瞬間に陽電子崩壊が起きるという、奇跡を待たねばならない。その確率は一組の陽子につき数十億年に一回程度である。まるで宝くじで一等に当たるような、ありえないことのように思えるかもしれない。しかしながら宝くじの一等に当たる人はどこかに必ずいるものである。太陽にはおびただしい数の水素が存在するので、いつも一定の割合でその奇跡が起きているのだ。こうして太陽は少しずつ水素を消費しながら、100億年以上もの長きにわたって輝き続けるのである。

ひとたび重水素がつくられると、それを突破口にして重水素と陽子からヘリウム3、二つのヘリウム3からヘリウム4と二つの陽子という具合に、すみやかに核融合が進む。結果的には、四つの陽子から一つのヘリウム4と二つの陽電子がつくられる、という核融合が起きていることになる。ここで重要なのは、核融合が起きると質量が減少するという事実である。実際に、一つのヘリウム4原子核の質量は四つの自由陽子の質量より0・7パーセント軽い。この減少した質量が——アインシュタインの式にしたがって——エネルギーに変換され、太陽は輝くのである。

反物質の運命

ところで、重水素ができるときに生じる陽電子とはなんだろう？　これは**反粒子**の一つである。すべての粒子には反粒子が存在する。反粒子は電気のプラスとマイナスがふつうの粒子と逆であるが、まったく同じ質量をもつ。たとえば陽子の反粒子は−1の電気をもつ反陽子だ。よくSF小説に出てくる反物質とは、反粒子でできた物質のことである。たとえば反粒子でできたいちごは反いちご、反粒子でできた人間は反人間という具合だ。

反粒子は粒子と出会うと、どちらの粒子も消滅して光になる。これを**対消滅**という。このとき失われた質量は、アインシュタインの式にしたがって光のエネルギーに変換される。たとえば反いちごといちごが出会うと対消滅して、その質量（数十グラム程度）は光のエネルギーに変換される——それは核兵器にも匹敵する莫大なエネルギーである。

こんなことを聞くと、怖くていちごを食べられなくなりそうだが、心配はいらない。宇宙に反物質でできた世界は存在しないし、地球上にも反物質でできているものなど存在しない。あるのはせいぜい天然に起きる反応や人工的な実験でつくられるわずかな反粒子であり、それらはすぐに対消滅してしまう。

宇宙最初のインフレーションとともに物質が創成されたときには、粒子と反粒子はほぼ同数あったと考えられている。ところが、ビッグバンがはじまるまでに、そのほとんどは対消滅して光のエネルギーになった。このとき、なんらかの（まだよくわかっていない）理由により粒子の数が反粒子の数よりわずかに多かったために、粒子だけが残された。そしてその粒子でできた物質からなる宇宙に、私たちは住んでいるのである。

陽電子とは電子の反粒子、つまり反電子のことである。電子とよく似ているが、+1の電気をもつ。太陽の中心では、水素原子やヘリウム原子からはぎとられたおびただしい数の自由電子が飛びかっている。そのため、重水素ができるときに生じる陽電子はすぐに電子と出会って対消滅し、電子2個分の質量に相当する光のエネルギーに変換されるのである。

ニュートリノ——なんでもすり抜ける幽霊のような粒子

水素核融合により四つの陽子から一つのヘリウム4と陽電子二つができるとき、同時に二つの**ニュートリノ**が生じる。ニュートリノは電子や陽電子と同じ**レプトン**とよばれる素粒子であるが、電気はもたず、質量は限りなく0に近く、そして光と同じ速さで飛び去る。ベータ崩壊や陽電子崩壊など、電子や陽電子が関連する反応が起きたときに現れる。ほかの粒子とほとんど反応しないために、どんな物質をも素通りしてしまう、幽霊のような粒子である。

ニュートリノの存在を初めて予言したのはヴォルフガング・パウリで、1930年のことだった。放射性元素のベータ崩壊前後で質量をふくむ全エネルギーが一致せず、崩壊前に比べて崩壊後のエネルギーがわずかに少ないという実験事実を、ニュートリノによって説明しようとしたのである。当時はまだ知られていなかったニュートリノという粒子がエネルギーを持ち去っているという、大胆な説だ。じつは、当のパウリ自身がこの説にそれほど確信をもっていたわけではなく、将来ニュートリノの存在が否定されるほうにシャンパン1ケースを賭けたという逸話が残っている。それから約四半世紀後の1950年代半ば、アメリカで実用化されたばかりの原子力発電所からついにニュートリノが検出され、その存在が揺るぎないものとなった。

つかみどころのない幽霊のような粒子であるが、じつは私たち自身もニュートリノを放っていると知れば、もう少し親近感がわくかもしれない。

人間の体内には放射性同位体のカリウム40が0・02グラムほどふくまれている。カリウムは生命維持に欠かせない必須元素の一つであるが、安定同位体のカリウム39、41と一緒に、化学的な性質が同じカリウム40も体内に取り込まれるのだ。カリウム40は半減期12・5億年でベータ崩壊、すなわち原子核中の中性子が陽子に変換されることにより安定同位体のカルシウム40になり、同時に電子とニュートリノを一つずつ放出する。

半減期12・5億年と聞くと、私たちが生きているうちに崩壊することはないような気がしてしまうが、そうではない。半減期とは、その放射性同位体の原子の総数が半分になるまでの時間であり、短い時間でも一つひとつの原子は少しずつ崩壊しているのである。計算によると、一人の人間の体の中で1秒あたり約1万個のカリウム40がベータ崩壊を起こし、同数のニュートリノが生じている。そのニュートリノは光の速さで私たちの体を飛び出し、地球さえも素通りして宇宙空間へ飛び去ってしまう。体からニュートリノが飛び出していることに私たちが気づくことはない。

もともと、太陽の中で起きる水素核融合を考えていたのだった。もちろん、人間の体の中から放出される量など比べものにならないほど大量のニュートリノが、太陽の中心で生まれている。それらは光速で太陽から宇宙空間へと飛び出す。

ところで、地球と太陽のあいだの距離は約1億5000万キロメートルで、太陽の表面から放射された光が地表まで到着するのに8・3分かかる。太陽の中心から表面までの距離はたかだか70万キロメートルなので、太陽の中心で発生したニュートリノもほぼ8・3分後に地球に到達する。他方、核融合反応で発生した光は、水素やヘリウムなどの原子や電子などがつくる厚いガスの層を通過する際に、散乱されたり吸収されたりする。そのため、太陽の中心で生じた光が表面に達するのに十数万年かかる。つまり、私たちが浴びている日光は、十数万年前に太陽内部でつくられたものなのである。

太陽ニュートリノ問題

どんな物質でもすり抜けてしまうニュートリノ——いったいどうやってその存在を確かめることができるのだろうか？

幽霊のようなニュートリノも、じつは、ごくまれに物質と反応することがある。たとえば、小学校にあるような25メートルプールを満たす500トンくらいの水について考えてみよう。その中の水分子を取り巻くおびただしい数の電子の一つが、太陽から届くニュートリノと一日に1回程度ぶつかっている。人間一人が50キログラムの水でできているとすれば、一日あたり1万人に1人くらいがニュートリノと反応しているという確率だ。ニュートリノが電子にぶつかると光を発するので、それを測定してやればニュートリノの存在を確認できる。

岐阜県の神岡鉱山跡、地下1000メートルに設置されているスーパーカミオカンデはまさにその測定のための巨大水槽であり、約5万トンもの水を蓄えている（**図3・2**）。この水槽の内壁には、光電子増倍管とよばれる直径50センチメートルの光センサーが約1万個も敷き詰められている。スーパーカミオカンデでは、一日あたり15個程度の太陽からのニュートリノを測定することができる。

図3・3はスーパーカミオカンデによる観測で得られた太陽の写真である。光の代わりにニュ

［図**3.2**］ **スーパーカミオカンデの内部**
内部は純水で満たされ、内壁には光電子増倍管が敷き詰められている。
［写真提供：東京大学宇宙線研究所 神岡宇宙素粒子研究施設］

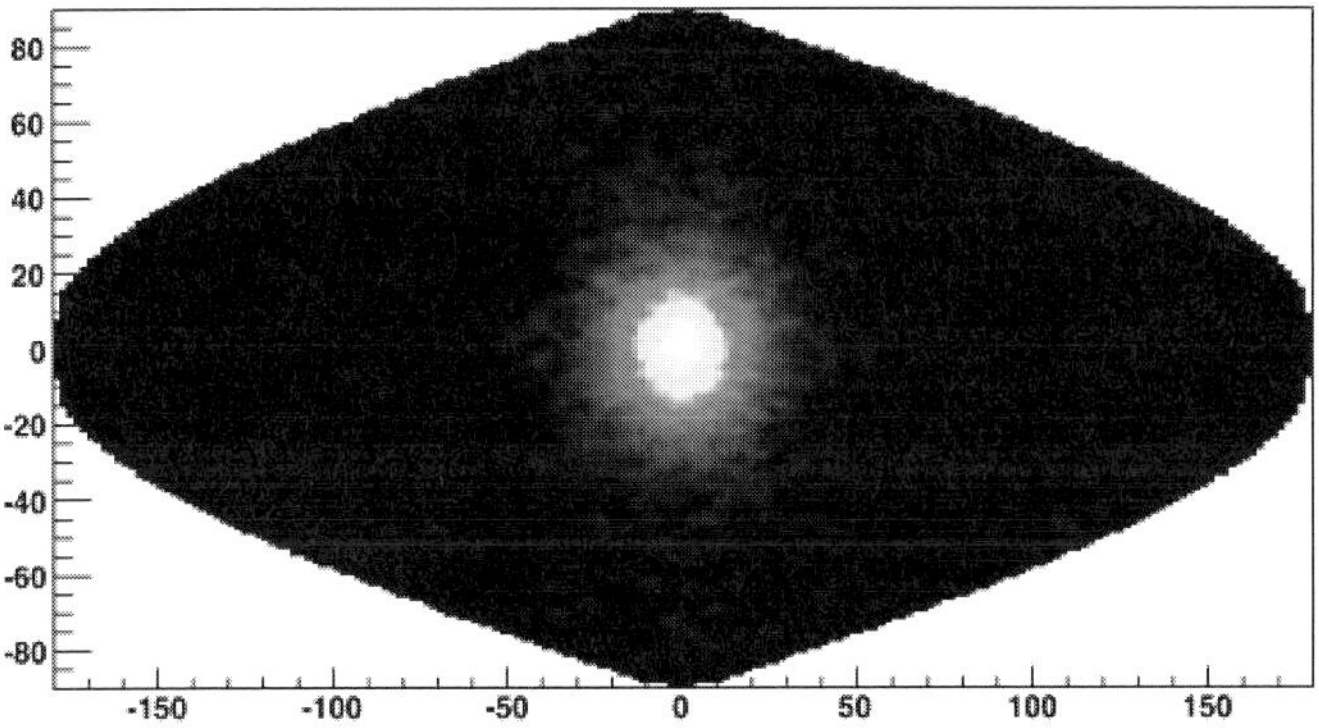

［図**3.3**］ **ニュートリノで見た太陽**
スーパーカミオカンデの観測データによる太陽ニュートリノの分布
［画像提供：東京大学宇宙線研究所 神岡宇宙素粒子研究施設］

ートリノで見ると、太陽の中心がひときわ明るく輝いている。しかもそのニュートリノは、スーパーカミオカンデで検出されるわずか8・3分前に太陽の中心でつくられたばかりなのだ。可視光で見ることができるのは太陽の表面であり、その光がつくられたのは十数万年も昔であるのとは対照的だ。ニュートリノがいまこの瞬間にも観測されているということは、太陽の中心でいままさに水素核融合が起きているということにほかならない。

ところで、1969年から30年以上にわたって、天文学者たちを悩ませ続けた大問題があった。**太陽ニュートリノ問題**である。スーパーカミオカンデの前身にあたる、3000トンの水を蓄えたカミオカンデによる観測などから、太陽からやってくるニュートリノの数は理論的に予測される数の半分程度にすぎないことが確認されていた。これは、太陽の理論的なモデルが間違っているか、あるいはなんらかの理由でニュートリノの半分が消えてしまっていることを意味する。

そして1989年、梶田隆章や戸塚洋二らによるカミオカンデを用いた**ニュートリノ振動**の発見により、後者の説、すなわちニュートリノの半分が消えているという衝撃的な解釈が支持されるようになった。じつは、ニュートリノには電子型、ミュー型、タウ型の3種類が存在する。ニュートリノ振動とはこの種類の入れ替わりのことで、実際に入れ替わりが起きていることが確かめられたのである。つまり、もともとはすべて電子型だった太陽ニュートリノの約半分が別の型に変わってしまったとすれば、つじつまが合う。そして2001年にカナダの研究グループにより、太陽ニュートリノの3種類の型をふくめた総数は理論的な予測と一致することが確かめられた。かくして、太陽ニュートリノ問題は完全に解決された――太陽の理論的なモデルは正しかったのである。

太陽核融合炉はなぜ爆発しないのか

太陽の中心付近はおもに陽子（水素の原子核）、ヘリウム４の原子核、電子が自由に飛びかうガスで構成されている。その密度は１立方センチメートルあたり１５０グラムにもなり、これは地球上の水の１５０倍、金の８倍に相当する。１グラムの物質中にはアボガドロ数（６０００兆のさらに１億倍）に相当する核子（陽子と中性子）がふくまれるので、太陽の中心には、１立方センチメートルあたりさらにその１００倍以上の陽子が存在することになる。

これだけ多くの陽子があれば簡単に水素核融合が起こりそうな気がするが、そうはいかない。水素核融合が起こるには、お互いにプラスの電気をもつ陽子どうしのあいだにはたらく反発力に打ち勝つくらい激しく動き回らなければならない、すなわち非常に高い温度が必要なのであった。現在の太陽の中心付近は１５００万度もの高温であるために、水素核融合が起きているのだ。

原子力発電に代わる未来のエネルギー源として研究が続けられている核融合炉は、まさに地上に太陽のミニチュアをつくろうという試みである。しかしながら、太陽中心に迫るような高温・高密度状態を実現するには、もうしばらく時間がかかりそうだ。

核融合のことをしばしば燃焼という言葉で表現するが、これは、紙を燃やしたときに起きる化学反応とは、まったく性質が異なることに注意しよう。たとえば、炭素と酸素が結合して二酸化炭素ができるような化学反応（いわゆる燃焼の一種だ）では、分子の種類は変化しても元素が別のものに変わることはなく、相変わらず炭素と酸素のままだ。同位体の種類も変わらない。それに対して水素核融合では、水素から重水素のような異なる同位体へ、そしてヘリウムのような別の元素へと変わってしまうのである。また、一つの核融合反応で生じるエネルギーは化学反応の約100万倍という莫大なものである。このような核融合は地球上で天然には起こらない。

太陽の中心ではつねに莫大なエネルギーが生みだされているのに、爆発することはないのだろうか。

たとえば原子力発電所で使われている原子炉では、ウランの**核分裂**により生じるエネルギーを利用して発電している。一つのウラン原子核が中性子を一つ吸収すると二つの原子核に分裂し、2～3個の中性子（とエネルギー）が放出される。その中性子をまわりのウランが次々に吸収することにより、核分裂の連鎖が続く。そのままでは、中性子の数がねずみ算式に増えて爆発してしまう（核兵器と同じだ）。これを防ぐために、中性子を吸収する制御棒を原子炉内に挿入して、中性子の数をつねにコントロールしているのだ。

太陽核融合炉では、このような調整はいっさい必要ない。太陽の中心では、激しく動き回る電子や原子核が生みだすガスの圧力が重力とバランスをとっている。仮に太陽中心の温度がわずかに上昇したとしよう。すると核融合が活発になるため、より多くのエネルギーが生じ、中心部のガスは（断熱）膨張する。断熱膨張では温度が下がる（電子や原子核の動きがにぶくなる）ために核融合は不活発になり、エネルギーの生成量も減少する。すると圧力が減少したガスは重力により断熱圧縮され、もとの状態に戻ってしまう。太陽中心の温度がわずかに低下した場合も同様に、すぐにもとの状態に戻る。まるで、ヘアドライヤーを使っているときに温度が上昇しすぎると自動的に冷風に切り替わるように、太陽には天然のサーモスタット（温度調節機能）が備わっているのである。

太陽の晩年――赤色巨星へ

太陽は46億年前に誕生して以来、水素を燃やして私たちのもとに安定的に光を届け続けている。しかし、それも永遠に続くわけではない。生まれたばかりの太陽の中心では質量の70パーセントを占めていた水素も、現在では30パーセントくらいにまで減少している。いずれは水素が燃え尽きて、太陽の中心にはヘリウムの灰のコア（以下、ヘリウムコア）が残される。水素燃焼の火が消えてしまうのだ。このとき、太陽はその寿命の8割以上をすでに終えている。その後には何が起きるのだろう？

現在の太陽がみずからの強大な重力でつぶれてしまうことがないのは、星の内部の温度が高いため、言い換えれば原子核や電子が激しく動き回ることにより生じる圧力のためである。太陽中心で核融合が起こらなくなると、温度が下がるためにヘリウムコアは収縮する。すると断熱圧縮によりヘリウムコア全体の温度が上昇し、その熱でコアのまわりのガスが膨張する。まわりのガスが断熱膨張しても、収縮するコアからの熱の流れは続くため、このときはサーモスタットが機能しない。膨張は続き、太陽は巨大化する。

断熱膨張により、太陽の表面温度は現在の約5800度から最終的に3000度くらいにまで下がる。それに応じて光のエネルギーも低くなり（つまり波長が長くなり）、色は現在の黄から赤に変わる。このような巨大化した赤い星を**赤色巨星**という。

赤色巨星となった太陽は現在の100倍くらい——地球を飲み込むほど——に膨れ上がるので、地球は生命の住めない灼熱の惑星になってしまう。もっとも、こんなことが起きるのはいまから50億年くらい先の話なので、心配しなくても大丈夫だ。

赤色巨星になった後もヘリウムコアの重力収縮はゆっくりと進行し、コアの表面にまわりのガス（おもに水素）が徐々に降り積もる。そのガスの温度が数千万度に達すると、ついに水素核融合の火が灯る。この段階の太陽（赤色巨星）は相変わらず膨れ上がったままだ。星の中心での核融合と異なり、地球の大きさほどにもなるヘリウムコアの表面で起こる核融合では、ガスが全方位に膨張することができない。そのため、断熱膨張で十分に温度を下げることができないのだ。サーモスタットが機能するには、ヘリウムコアの大きさが中心の点とみなせるほど星が膨れあがっていなければならないのである。

炭素と酸素のつくり方——質量数8の壁を越えて

ひとたびヘリウムコアの表面で水素核融合がはじまると、その燃えかすであるヘリウムの灰がさらにヘリウムコアを太らせる。重くなったヘリウムコアは重力収縮を続け、中心の温度はさらに上昇する。そして、ついにヘリウムの灰が核融合をはじめる。陽子が+1の電気をもつのに対して、ヘリウム原子核は+2の電気をもつ。したがって、ヘリウムどうしの核融合を起こすには、水素核融合の場合の2×2＝4倍の電気的な反発力に打ち勝たねばならない。そのときが訪れるのは、断熱圧縮によりヘリウムコアの温度が1億度に達するころである。

ここで、前章のビッグバン元素合成の話を思い出そう。質量数5と8の安定同位体が存在しないために、ビッグバンではリチウムより重い元素がつくられなかった。二つのヘリウム4がくっついてつくられるベリリウム8は不安定で、わずか1京分の1秒という極めて短い時間しか存在できない——ただちに電気的な反発力で壊れてしまうからだ。ところが、星の中ではビッグバンではありえなかった奇跡が起きるのである。

ビッグバンのときは、宇宙膨張とともにあっという間にガスが薄められてしまったのに対し、ヘリウムの灰である星の中心には、おびただしい数のヘリウム4がつねに飛びかっている。したがって一定の確率で、ほんのわずかの時間しか存在しないベリリウム8とヘリウム4が核融合することがあるのだ。結果として、三つのヘリウム4が核融合する**トリプルアルファ**というプロセスが起きることになる（ヘリウム4のことをアルファ粒子というのであった）。原子番号2で質量数4の粒子三つが結合するので、原子番号6で質量数12の炭素12がつくられるというわけだ。こうして、質量数8の壁を越えて重い元素がつくられていくのである。

核融合が起きるということは、三つのヘリウム4原子核の合計に比べて、炭素12の原子核一つの質量はわずかに小さいということだ。アインシュタインの式にしたがって、この質量差に相当するエネルギーがガンマ線、すなわち波長の短い光として放出される。

こうして再び星の中心で核融合が起きるようになると、サーモスタットも機能するようになり、赤色巨星化した太陽は現在の10倍程度のサイズにまで収縮する。

このようにしてつくられた炭素12は、さらにまわりのヘリウム4と核融合し、原子番号8、質量数16の酸素16がつくられる。そして、星の中心は、ヘリウム燃焼の灰である炭素と酸素で埋め尽くされることになる。やがてコア内部のヘリウムが燃え尽きると、炭素と酸素の灰でできたコアは重力収縮し、再び赤色巨星への道をたどるのである。

太陽の最期——惑星状星雲

太陽が最初に赤色巨星になったときには、ヘリウムコアの表面で水素核融合がはじまった。同じように、二度目の赤色巨星化では、炭素と酸素のコアのまわりに降り積もったヘリウムガスが核融合をはじめる。その燃えかすは炭素や酸素となり、さらにコアを太らせていく。またヘリウム層と水素層の境界付近では、ヘリウム層でつくられた炭素が水素と核融合を起こして、原子番号7の窒素がつくられる。

このままコアの質量が増えていけば、やがて中心で炭素や酸素の核融合がはじまるのだろうか？　じつは二度目の赤色巨星化がはじまったとき、太陽はまさにその一生を終えようとしている。

コア表面の核融合ではサーモスタットがうまく機能しないので、ときおり爆発的に核融合が進んで（これを**熱パルス**という）赤色巨星はさらに膨張する。星表面の重力は中心からの距離の2乗にしたがって弱くなるため、さらに膨れあがった赤色巨星のガスは重力を振り切って星から出ていってしまう。熱パルスは繰り返し起こるので、そのたびに星の表面からガスが放出される。その結果、やがて中心のコアはむき出しになる。こうして、太陽は約120億年の生涯を終えてしまうのである。

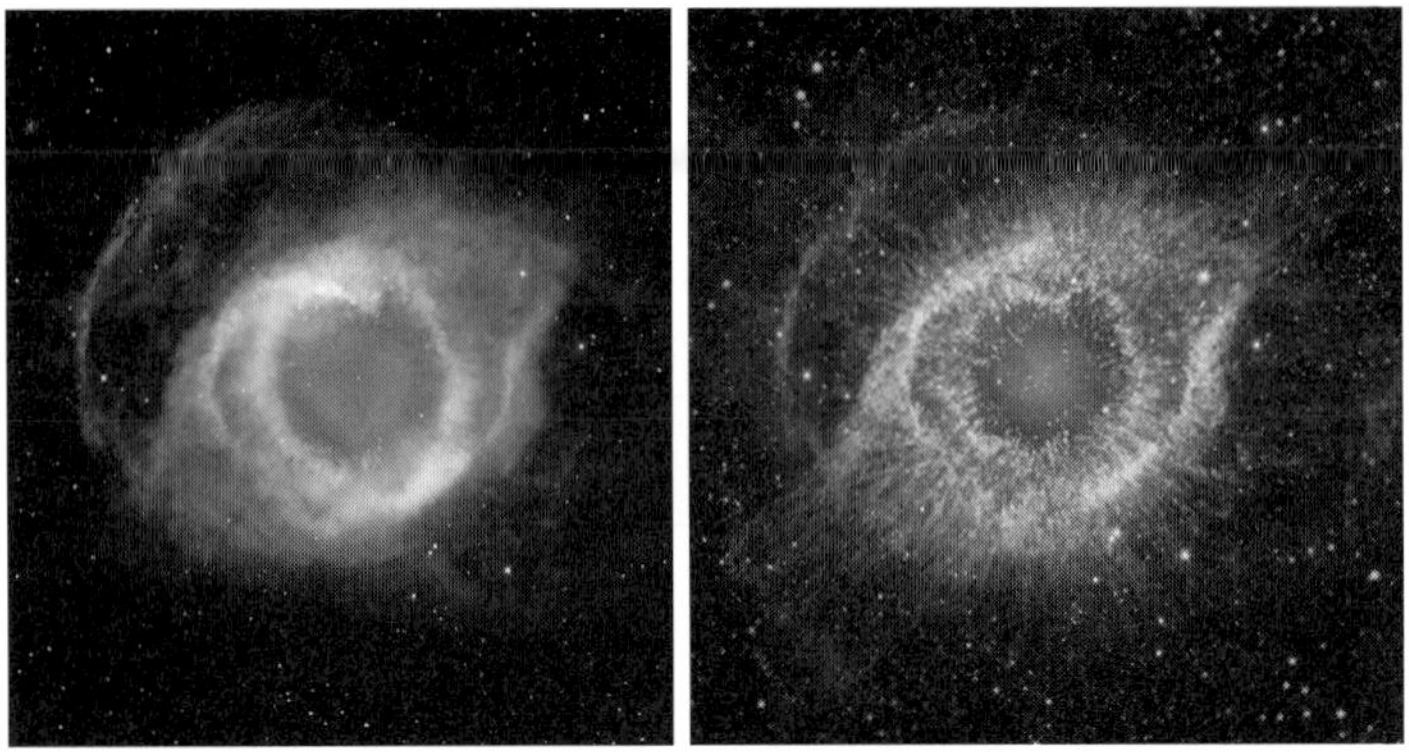

[図3.4] **地球から約700光年の距離にある惑星状星雲（らせん星雲）**
太陽のような星が生涯を終えたときの姿である。放出されたガスは中心のコア（白色矮星）からの紫外線に照らされて輝いている。左はハッブル宇宙望遠鏡による可視光観測、右はスピッツァー宇宙望遠鏡による赤外線観測などをもとにした合成写真。
[左：NASA, ESA, C. R. O'Dell (Vanderbilt University), and M. Meixner, P. McCullough, and G. Bacon (Space Telescope Science Institute)、右：NASA/JPL–Caltech]

ここまでは、太陽の生涯について見てきたが、質量が太陽の0・08〜8倍くらいの星は同様の運命をたどる（0・46太陽質量以下の星の場合は、一度目の赤色巨星化の段階で生涯を終える）。このような星の最後の姿は**惑星状星雲**とよばれる天体として知られている。代表例は、こと座のリング星雲やみずがめ座のらせん星雲（**図3・4**）などだ。もちろんそれらは、地球や木星などの惑星とはなんの関係もない（昔の望遠鏡では惑星のように見えたから惑星状星雲と名づけられたらしいが、そろそろ名前を変えたほうがいいだろう）。

星から放出されたガスは、中心に残されたコアが放つ光に照らされて美しく彩られる。高温のコアが放射する紫外線を吸収し、ガスが輝線として光を放っているのだ（蛍光灯が光るのと同じ理由だ)。放出されたガスのほとんどはもとの星の原料である水素とヘリウムからなるが、核融合で新たにつくられたヘリウム、炭素、窒素などもふくまれる。こうして、ビッグバンではつくられなかった炭素や窒素が宇宙空間へとまき散らされていく。ただし、私たちの体の主成分である酸素は、星からはほとんど放出されない。コアにとり残されてしまうのだ。

質量が太陽の0・08倍より小さい星の場合は、最初の重力収縮で中心温度が1000万度に達しないために、水素核融合の火が灯ることはない。このような星は、断熱圧縮や比較的低温でも起こるわずかながらの重水素の核融合により赤外線を放射する**褐色矮星**となる。

白色矮星——電子が支える小さな星

星が惑星状星雲として生涯を終えた後に中心に残される、炭素と酸素(0・08~0・46太陽質量の星の場合はヘリウム)からなるコアは**白色矮星**とよばれる。白色矮星の中でも最も有名なシリウスBが発見されたのは、19世紀の半ばごろである。

1844年に、全天で最も明るい恒星として知られていたシリウスの位置がふらついているのが、望遠鏡による観測で確認された。このような現象は太陽系内の惑星でも見られる。たとえば地球は月と互いに重力で引かれ合っているため、地球の中心から少しずれた共通の重心を中心に回転している。そのために遠くからは地球の位置がわずかにふらついて見えるはずである。シリウスのまわりにも、シリウスをふらつかせている天体が存在するはずだ。それから約20年後の1863年、ようやくその天体が姿を見せた（**図3・5**）。

シリウスBと名づけられたこの暗い天体は、驚くべき性質をもっていた。主星のシリウスA（シリウスBと区別するために、こうよぶ）をふらつかせるほどの重力をもちながら、発見するのに20年も要したほど暗い天体なのだ。その明るさ（暗さ）からは、地球程度のサイズの天体と推測されたが、重力の強さから見積もられた質量は太陽と同じくらいであった。つまり、とても密度の大きな天体らしい。20世紀に入り、この天体は白色矮星であると断定された。シリウスBはすでにその一生を終えた星なのである。

白色矮星の平均密度は1立方センチメートルあたり1トンにもなる。これは、角砂糖サイズの白色矮星のかけらが車一台に匹敵する質量をもつということだ。これまでの観測で見つかった白色矮星は、太陽の0・2〜1・4倍の質量をもっている。太陽が生涯を終えた後に残される白色矮星の質量は、現在の太陽質量の半分くらいになると予想されている。

白色矮星の内部では核融合が起きていないので、次第に冷えていく。それにもかかわらず重力でつぶれてしまうことはない。ひとたび白色矮星ができると、もうその大きさはほとんど変わらないのだ。なぜだろうか？

じつは、電子の圧力が重力に対抗して星を支えているのである。密度があまりに高いために、炭素と酸素からはぎとられた電子はぎゅうぎゅうに詰め込まれていて、それ以上縮むことができ

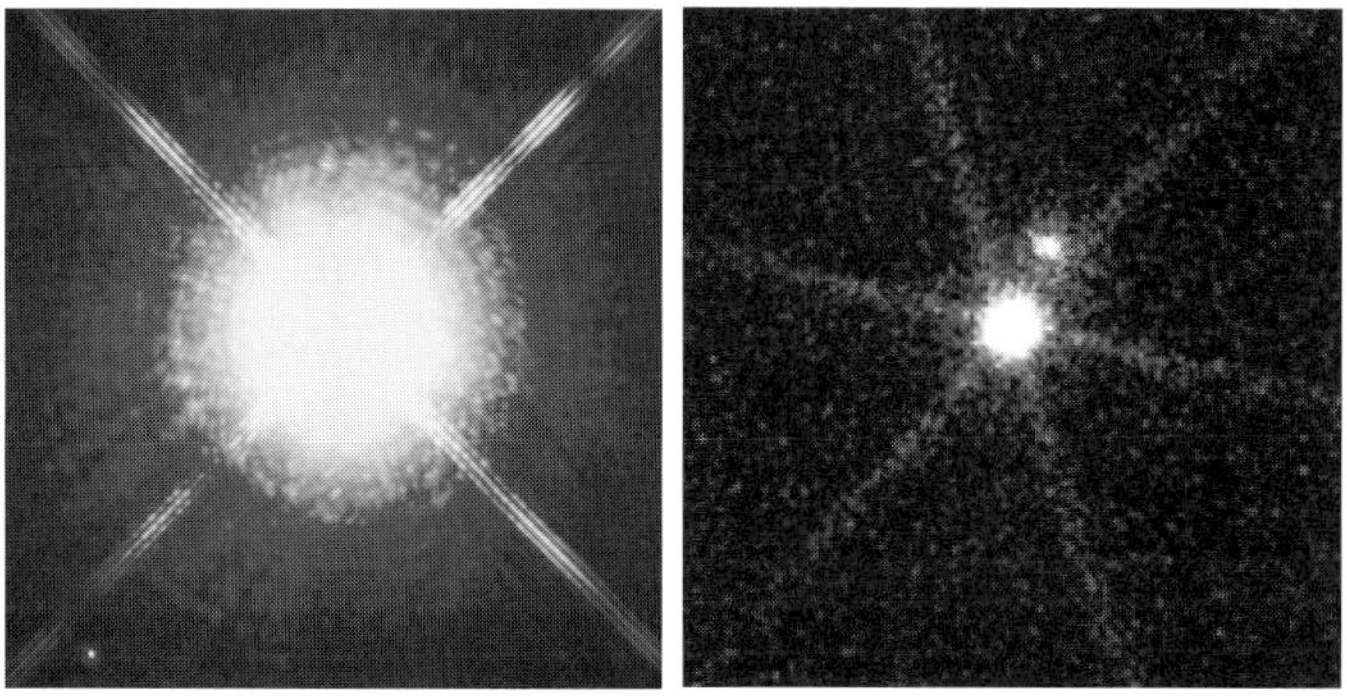

［図3.5］ シリウスAとシリウスB
可視光（左）およびX線（右）による撮影。シリウスB（左下）は白色矮星であり、可視光ではシリウスA（右上）より暗いが、X線ではシリウスAよりも明るく輝く。
［上：NASA, ESA, H. Bond (STScI), and M. Barstow、下：NASA/SAO/CXC］

ないのだ。これは、二つ以上の電子は一ヵ所に同時に存在することができないという**パウリの原理**により説明できる。通勤ラッシュのときの満員電車のようなものだ。人間がぎっしり詰め込まれているせいで、お互いに強い圧力を感じるだろう。そして、そんな電車に乗り込むには非常に大きなエネルギーが必要になる。このように、白色矮星の内部ではエネルギーの高い電子の圧力が重力とバランスをとっているために、つぶれることはないのである。

ふつうの星は重いほど大きくなるが、白色矮星はその逆で、質量が大きいほど小さい、すなわち半径が小さい。より強い重力に対抗するには、よりぎゅうぎゅうに詰まった電子の強い圧力が必要だからである。このとき、エネルギーの高い電子はものすごいスピードで暴れ回り、互いにぶつかり合いながらその圧力を生みだしている。

しかし、電子が生みだす圧力の強さにも限界がある。光速を超える速さで運動できるものは存在しないからだ。電子の暴れ回る速さが光速に達すると、それ以上高い圧力を生みだせないのである。それゆえ白色矮星の質量を増加させると、理論的には、あるところでその半径は0になってしまう（電子や原子核の大きさは無視できるものとする）。そのときの白色矮星の質量を、発見者スブラマニアン・チャンドラセカールの名にちなんで**チャンドラセカール限界質量**という。計算によると、この限界質量は太陽質量の1・4倍程度である。それより重い白色矮星が発見されないのは、限界質量があるからにほかならない。

白色矮星では核融合が起きていないので、内部に蓄えた光を少しずつ放出しながら輝いている。赤色巨星だったころには1億度もあったコアの表面温度も下がっていき、たとえばシリウスBの場合は2万5000度くらいになっている。それでも、表面温度約1万度のシリウスAよりエネルギーの高い光を放っているため、X線天文衛星で観測するとシリウスBのほうが明るく見える（図3・5右）。白色矮星の内部には電子がびっしりと詰まっているために、光は電子とぶつかりながら少しずつしか進めない。そのため、白色矮星がすっかり暗くなるには100億年以上かかると考えられている。つまり、太陽がその光を完全に失うのはいまから数百億年も先の話だ。

リチウムのつくり方——新星爆発

星の中のヘリウム核融合では、原子番号2のヘリウムからトリプルアルファによって原子番号6の炭素がつくられた——原子番号3、4、5のリチウム、ベリリウム、ホウ素を飛び越えて。これが、太陽系の元素組成でリチウム、ベリリウム、ホウ素の量が極端に少ない理由だ。それでも、これらの元素は少ないながらも存在しているのだから、宇宙のどこかでつくられたはずである。

前章で見たとおり、ビッグバン元素合成によって水素、ヘリウム、リチウムがつくられたのであった。しかし、現在の天の川銀河に存在するリチウムの量は宇宙初期に比べて10倍にもなることが、星の観測で確かめられている。これは、ビッグバンの後もどこかでリチウムがつくられ続けていることを意味する。まだはっきりとしたことはわかっていないが、その最も有力な候補の一つが**新星爆発**である。

新星爆発は、二つの星がお互いのまわりを回る**連星**で、一方が白色矮星の場合に起きる。太陽のような単独の星が最後に残す白色矮星は、ただゆっくりと暗くなっていくだけだ。ところが連星の場合は、その生涯を終えたはずの小さな星が再び明るく輝くことがある。どういうことか説明しよう。

観測によると、宇宙では、太陽のような単独の星に比べて連星をなす星の数は同じくらいか、むしろ多いくらいだ。前節に登場したシリウス（A・B）も連星だ。星の世界では双子は珍しくもなんともないのだ。また、連星をなす星の数は二つとは限らない。たとえば、太陽から最も近い恒星であるアルファ・ケンタウリは三重連星である。

中でもお互いの距離が近い**近接連星**の場合は、一方の星のガスが重力で相手の星に吸い寄せられることがある。たとえば、一方の星が一生を終えて白色矮星になったときに相手の星がすぐ近くを回っていると、そのガスが重力で引き寄せられて白色矮星の表面に降り積もる。このガスが重力収縮していくとその温度が上昇し、やがて数千万度に達する。隣の星から降り積もったガスはおもに水素からなるので、白色矮星の表面では水素核融合が起きることになる。赤色巨星の場合と同じように、コアの表面で核融合が起きてもサーモスタットが機能しないので、核融合が暴走して温度が2億〜3億度にまで上昇し、ついに爆発にいたる。これが新星爆発だ。

爆発によって放出された物質は、数週間から数ヵ月にわたって**新星**として明るく輝き、その光度は太陽の数万倍に達する。歴史的に、新星という名は、第4章で登場する超新星につけられた名前であった。後に超新星ほどは明るくない白色矮星表面の爆発現象が存在することが明らかになり、こちらを新星とよぶことになったという経緯がある。いずれにしても、新星は新しい星ではなく、一度死んだ星がゾンビのように息を吹き返して輝いている天体現象である。

赤色巨星では、コアの表面に降り積もったヘリウムの核融合が暴走して、熱パルスを起こすのであった。新星爆発ではヘリウムの代わりに水素核融合が暴走して爆発を起こす。水素とヘリウムのちがいはあるものの、太陽のような星の末期の状態にそっくりだ。そして新星爆発も熱パルスのように何度も繰り返す。爆発からしばらくたつと、再び隣の星からガスが降り積もりはじめるからだ。爆発は表面で起きるので、その内側の頑丈な白色矮星はびくともしない。新星爆発の周期は典型的には数千年程度であるが、短いものは10年程度で爆発を繰り返す。

こうして、寿命を終えたかに見えた星（白色矮星）は何度も息を吹き返し、新星となって明るく輝く。新星は天の川銀河で一年に30個くらい出現すると推定されている。一回の爆発で放出されるガスの質量は太陽の10万分の1〜1万分の1（地球の質量の3〜30倍）程度である。

本題のリチウムの話に戻ろう。ふつうの星ではつくられるどころかむしろ壊されてしまうリチウムが、新星爆発ではどのようにつくられるのだろうか。

太陽ではヘリウム4とヘリウム3がくっついて、まず原子番号4のベリリウム7ができる。このベリリウム7は53・2日の半減期で電子（−1の電気）を取り込み（**電子捕獲**という）、原子核中の陽子（+1の電気）の一つが中性子に変換されることにより、原子番号3のリチウム7になる。そしてこのリチウム7はただちに陽子と核融合して、二つのヘリウム4に分裂してしまうのだ。

ところが、新星爆発の場合は、水素核融合の持続時間が数分から数時間程度しかない。爆発によって放出されたベリリウム7が電子捕獲してリチウム7になるころには、温度も十分に下がっている。そのため、リチウムが水素核融合で壊されることはない。最近の観測により、新星爆発から放出された物質中にベリリウム7が見つかっている。まだ断言はできないものの、それは、リチウムの主要な起源が新星爆発である可能性を示唆している（赤色巨星や超新星爆発が起源という説もある）。

ベリリウムとホウ素のつくり方――宇宙線が炭素を叩き壊す

原子番号4、5のベリリウムとホウ素は通常の核融合ではつくられない。少々強引な手段が必要である。宇宙空間に漂っている炭素（または窒素や酸素）を**宇宙線**で叩き壊すのだ。

宇宙線とは、宇宙空間を光速に近い猛スピードで飛びかう陽子やヘリウム4などの原子核であり、太陽や銀河系の内外からやってくる。銀河系内外からの宇宙線源が何であるかはまだ明らかにされていないが、超新星爆発の衝撃波による粒子加速などの説が有力視されている。

宇宙線は非常に高いエネルギーをもっているので、私たちには危険な存在である。幸い宇宙線は地球の大気圏に突入すると空気中の分子と衝突してしまうため、地上に到達することは少ない。それでも、高い山の上や飛行機の中では、宇宙線を浴びる確率が高くなる。

宇宙線が、たとえば宇宙空間にある原子番号6の炭素12に衝突した場合、その衝撃でいくつかの陽子や中性子が叩き出されることがある。陽子一個が叩き出されれば原子番号5のホウ素11に、陽子二個と中性子一個が叩き出されれば原子番号4のベリリウム9になる（どちらも安定同位体）。

逆に、加速された炭素、窒素、酸素原子核などが宇宙線となって、宇宙空間に漂う陽子やヘリウム分子と衝突した場合も、同様のことが起こりうる。

しかしながら、宇宙空間でこのように宇宙線が原子核と衝突する頻度はそれほど高くない。リチウムと同様にベリリウムやホウ素の量が極端に少ないのは、そのためである。

人類の運命は?——第二の太陽と地球を求めて

ところで、太陽が赤色巨星になったとき、地上の生命はどうなってしまうのだろうか。じつはそれよりずっと前に、地球は生命に適した惑星ではなくなると考えられている。

太陽は、少しずつではあるが、明るくなり続けている。いまから20億〜30億年もすると、太陽は現在より30パーセントも明るくなるため、海は干上がり、地球は温室効果で金星のような灼熱地獄になるだろう。

もし人類がそれまで生きながらえていれば、きっと火星に移住するくらいの技術は備えているはずだ(昨今の地球温暖化の問題を鑑みれば、そのときはずっと早く訪れるのかもしれない)。

いまから約70億年後、赤色巨星になった太陽は地球の軌道くらいにまで膨れ上がる。そのころには火星も灼熱地獄になっているだろう。木星、土星、天王星、海王星はガス惑星で住むのに適さないので、いよいよ太陽系外の惑星へ移住するしか生き延びる術がなくなりそうだ。

惑星は光を発しないので、太陽系外の遠い惑星を見つけるのは容易ではない。しかし、シリウスBを見つけたときのように、輝く星がわずかにふらついているのを見つければ、そのまわりを周回する惑星の質量や軌道を推定することができる。あるいは、星が周期的に減光する現象をとらえることによって、惑星の存在を確認できる。金星の日面通過のように、惑星が星の光の一部を遮るからだ。このような方法によって、これまでにすでに数千もの系外惑星が発見されている。

現在のところ、地球のように水や大気が存在しうる、星からほどよい距離（**ハビタブルゾーン**という）を周回する惑星が発見されているのは、太陽よりずっと質量が小さくて暗い**赤色矮星**とよばれる星のまわりだけである。小さくて暗い星ほど惑星の重力によるふらつきが大きく、また惑星が表面を通過するときの減光も顕著になるから、見つけやすいのだ。

じつは、私たちから最も近い星であるプロキシマ・ケンタウリ（4・2光年）のハビタブルゾーンに、地球より30パーセント程度大きい惑星（プロキシマ・ケンタウリb）が周回していることがわかっている。太陽に比べると、プロキシマ・ケンタウリは質量が12パーセント、その明るさは0・15パーセントしかない。そのためにハビタブルゾーン、つまり水や大気が存在しうる領域は星から非常に近い。プロキシマ・ケンタウリbが星を周回する軌道の半径も、地球と太陽の距離の5パーセントしかない。それゆえ、プロキシマ・ケンタウリbはつねに星からの放射線にさらされる、危険な惑星だと考えられる。

もう一つ問題がある。そのような惑星では、四季どころか日が昇ったり沈んだりすることもないのだ。このことを理解するには、月がいつも同じ側（うさぎの面）を私たちに向けている理由を学ぶのが手っ取り早い。これには**潮汐力**が関係している。

潮汐力とは、名前のとおり潮の満ち引きの原因となる力だ。海水は地球とともに、つねに月の重力により引っ張られている。重力源となる月に近い側のほうが強く、遠い側が弱く引っ張られるので、そのあいだにいる私たちから見れば、海水は両側に引っ張られている状態にある。その状態で地球が回転することによって、潮の満ち引きが生じるのだ。

同様に、月はつねに地球の重力により、近い側がより強く引っ張られている。それゆえ、月のわずかに重い側（うさぎの面）が地球のほうを向いた状態で固定されてしまい、回転することができなくなる（**潮汐ロック**という）。だるまさんが重い面を地球に向けるようにして起き上がるのと、同じ理屈だ。

プロキシマ・ケンタウリbは星から非常に近いところを回っているので、重力の影響を強く受け、おそらく潮汐ロックされているだろう。星に面する側はいつも昼の常夏、反対側はいつも夜の氷の世界——快適に住むにはなかなか厳しそうな環境だ。

地球の運命は？——白色矮星に引き裂かれた惑星

人類の行方も気になるが、私たちの故郷である地球はどうなってしまうのだろうか。太陽が赤色巨星になった70億年後、地球より内側にある水星と金星は飲み込まれてしまう。そしてガスとの摩擦により公転運動の勢いを失って、太陽の中心のコアに落ちてしまうだろう。地球より遠くにある火星やその他の惑星は飲み込まれることはない。太陽が惑星状星雲になった後も、中心に残される白色矮星のまわりを回り続けるだろう。地球はちょうどぎりぎり飲み込まれるか飲み込まれないかの境目に位置するので、予測がむずかしい。

白色矮星のまわりの惑星探査により、地球の運命を占うことが可能になるかもしれない。白色矮星はまさに太陽の未来の姿だからだ。まだ惑星は見つかっていないものの、白色矮星のまわりをドーナツのように取り囲む、塵《ちり》などからなる**降着円盤**が存在することが明らかになっている。

図3・4右はスピッツァー宇宙望遠鏡により赤外線で撮影された惑星状星雲（らせん星雲）の姿だ。可視光（図3・4左）で見るのとはずいぶんと異なる印象を受けるだろう。図の中心付近のボーッとした光は、白色矮星のまわりの降着円盤を構成する塵から放射された赤外線である（降着円盤そのものは小さすぎて見えない）。この塵は、もともとその星のまわりを回っていた彗星や小惑星、あるいは内側にあった惑星が潮汐力により粉々になった（**潮汐破壊**という）ものと考えられる。中心の白色矮星に近づきすぎると、星に近い側と遠い側の引っ張られる力の差が大きい――その天体から見れば両側に強く引っ張られる――ために、引き裂かれてしまうのだ。2013年、今世紀最大の彗星と期待されたアイソン彗星が太陽の近くで消滅してしまったのも、潮汐破壊によるものである。

降着円盤の存在だけでなく、ハッブル宇宙望遠鏡などにより、多くの白色矮星の大気にケイ素のような岩石質の元素がふくまれていることが明らかにされている。白色矮星の表面はもともとヘリウム層の底であった部分なので、岩石質の元素など本来はほとんど存在しない。これは、潮汐破壊された彗星、小惑星、あるいは惑星などの破片が白色矮星の表面に降り積もったことを示唆している。

２０１９年、それを裏づけるかのような衝撃的な観測事実が報告された。ある白色矮星の降着円盤の中に小さな鉄のコアのようなものが回っているというのだ。おそらく地球のような岩石質の惑星が白色矮星に近づいたときに、外側の密度の低い（つまり柔らかい）岩石質の部分が潮汐破壊され、中心の鉄からなる固いコアだけが残されたのだろう。もしかしたら地球も同じような運命をたどるのかもしれない。

第4章

鉄の仲間たちができるまで

——超新星爆発がつくる元素——

冬の夜空にちりばめられた燦然と輝く無数の星々（**図4・1**）――その中でもひときわ明るく輝くこいぬ座のプロキオン、おおいぬ座のシリウス、そしてオリオン座のリゲルとベテルギウス。これらの星々はすべて太陽より重く、順番に太陽質量の1・5倍、2倍、18倍、そして20倍程度と推定されている。後で述べるように、星は質量が大きいほど明るい。たかだか太陽の2倍の質量のシリウスがそれよりずっと重い星を差し置いて全天でいちばん明るく見えるのは、単に距離が近いからだ。私たちからの距離は順番に11光年、8・6光年、770光年、そして640光年と推定されている。シリウスは私たちのご近所にある星の一つである。

この中で最も遠いリゲルがこれほど明るく見えるのは、この星の質量が際立って大きいからにほかならない。もしリゲルと太陽を私たちから同じ距離に置いたとすれば、リゲルのほうが10万倍も明るい。このような、太陽よりずっと重い星はどのような運命をたどるのだろうか。

星の寿命――重い星は短命に終わる

リゲルのまわりに惑星があったとしても、かなり遠くを回っていない限り、惑星表面の水は干上がってしまうだろう。また、もしリゲルのまわりの惑星に水があったとしても、そこで生命が育まれる可能性は限りなくゼロに近い。なぜなら、リゲルの推定寿命がわずか1000万年しかないからだ。ありふれた星である太陽の推定寿命は約120億年だから、リゲルは星の世界では

［図4.1］ 冬の星景

プロキオン（距離11光年、太陽質量の1.5倍、寿命40億年）、シリウス（8.6光年、2倍、20億年）、リゲル（770光年、18倍、1000万年）、そしてベテルギウス（640光年、20倍、1000万年）が冬の夜空にひときわ明るく輝く。
［Science Source/PPS通信社］

とても短命といえる。わずかひと月でその生涯を終えてしまう儚い夏の虫のようだ。地球に原始的な生命が初めて誕生したのは、太陽系ができてから数億年たった後と考えられている。類推すれば、リゲルはその惑星で生命が生まれるはるか前に、生涯を終えてしまうだろう。

それにしても、リゲルはなぜそれほどまでに短命なのだろう？　リゲルの質量は太陽の18倍だから、核融合の燃料である水素の量も18倍ある。なぜ寿命は18倍にはならずに、１０００分の１くらいになってしまうのだろうか。

星は重ければ重いほど大食いだからだ。質量が大きいと重力が強いので、重力収縮により星の中心付近の温度が高くなる。温度が高いということは、それだけ水素原子核（陽子）の運動が激しいことを意味する。その結果、水素核融合がより速く進行することになる。言い換えれば、重い星ほど水素をすぐに食いつぶしてしまうというわけだ。計算によれば、星の明るさはその質量の3乗から4乗に比例する。星が水素核融合のエネルギーで輝いていることを思い出せば、星の寿命は（星の質量を明るさで割ると）星の質量の2乗から3乗に反比例することになる。すなわち、星の寿命は生まれたときの質量ですでに決まっているのだ。

詳しい計算によると、本章の最初に登場したプロキオンとシリウスの推定寿命はそれぞれ40億年と20億年程度である。これらの星に地球のような生命に適した惑星があったとしても、私たち人間のような知的生命体が現れる前に星が寿命を迎えてしまいそうだ。仮に知的生命体が生まれるのに要する時間を45億年と仮定すると、太陽の１・１倍以上の質量をもつ星はその前に寿命を迎えてしまうことになる。私たちがいまここにいて、この本を読んでいるのも、太陽が寿命の長い平凡な星だったからにほかならない。

酸素より重い元素のつくり方――「4の倍数」の謎

太陽の0・46倍から8倍までの質量をもつ星は、その中心に炭素と酸素がつくられた段階で一生を終えてしまうのだった。原子番号の大きい元素どうしが電気的な反発力に打ち勝って核融合を起こすには、さらに高い温度が必要だからだ。太陽の8倍より重い星ではそれが可能になる。炭素と酸素がつくられた後、重力収縮により星の中心温度が6億度に達すると、ついに炭素核融合がはじまる。たとえば原子番号6の炭素12の原子核二つがくっつくと、原子番号12のマグネシウム24になる。ただし、実際にいちばん起こりやすいのは、二つの炭素12から原子番号10のネオン20と原子番号2のヘリウム4ができる反応である。また、原子番号11のナトリウム23と陽子をつくる反応も起きる。いずれにしても反応の前後で原子番号の和（=12）と質量数の和（=24）は変化しないが、質量はわずかに減少してエネルギーとなる。このようにして出てきた陽子やヘリウム4は原子番号が小さい――電気的な反発力が小さい――ために、ただちにまわりの元素と核融合を起こして消えてしまう。

こうして、太陽の8～10倍の質量をもつ星は、その中心におもに酸素とネオンからなるコアを

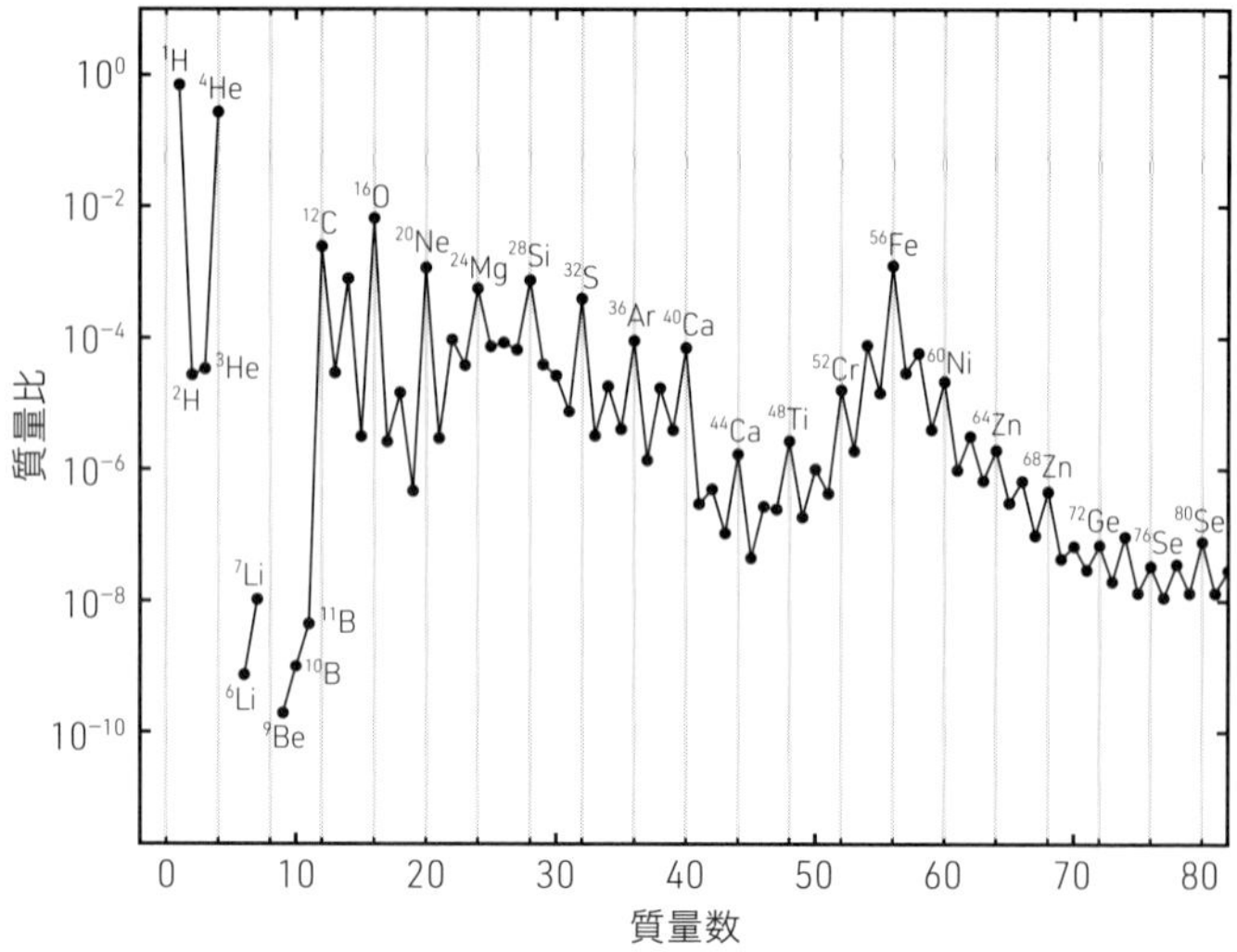

［図**4.2**］ **太陽系の元素組成（質量数82まで）**

グレーの縦線は4の倍数の質量数を示す。元素記号（口絵3参照）の左上添え字は質量数である。縦軸の目盛りは$10^{0}=1, 10^{-2}=0.01, 10^{-4}=0.0001$, …を意味する。炭素12以降は4の倍数の質量数をもつ同位体名（同じ質量数に2つの同位体が存在する場合はより多いほう）のみが示されている。

残して核融合を終える。より軽い星の最期と同様に惑星状星雲として一生を終えるものもあれば、後で見るように別の運命をたどるものもいる。

太陽質量の10倍以上の星では、酸素とネオンがつくられた後、中心の温度がさらに上昇し、10億度に達する頃には酸素核融合がはじまる。原子番号8の酸素16を二つ合わせると原子番号16の硫黄32になる。ただし、このときもいちばん起こりやすいのは、ヘリウム4を一個放出して原子番号14のケイ素28になる反応である。陽子を一個放出して原子番号15のリン31に、中性子を一個放出して原子番号16の硫黄31になることもある。これらの反応で放出されたヘリウム4、陽子、中性子は、まわりの元素とすぐに核融合を起こして消えてしまう。

こうしてひとたび炭素核融合や酸素核融合がはじまると、さまざまな元素が次々につくられる。

ここで太陽系の元素組成のグラフ（**図4・2**）を見てみると、気づくことがあるだろう。第一に、線がギザギザである。隣り合った同位体どうしを比べると、質量数が偶数のものがより多く存在するのだ。これは、陽子どうしまたは中性子どうしがペアを組みたがるという、原子核特有の性質による。

さらに詳しく見ると、炭素以降の元素の中では、4の倍数の質量数をもつ同位体の質量比が際立って多いことがわかるだろう。炭素12はトリプルアルファ、すなわち三個のヘリウム4の核融合でつくられ、それにもう一個ヘリウム4がくっつくと酸素16になった。そして、炭素核融合や酸素核融合でいちばん起こりやすいのはヘリウム4を一個放出する反応であったので、4の倍数の質量数が必然的に保たれることになる。

それにしても、なぜ陽子や中性子ではなくヘリウム4を放出する反応が起こりやすいのだろう？　そして、4の倍数の同位体が際立つ傾向が、酸素核融合でつくられるケイ素を越えて原子番号26の鉄56まで続いているのはなぜだろうか。この謎の種明かしをする前に、鉄までの元素が星の中でどのようにしてつくられるのか見ていこう。

ニッケル56——星の核融合炉の最終生成物

酸素核融合でつくられるおもな同位体は原子番号14のケイ素28であった。これまでの経緯から、さらに温度が上昇すれば、二つのケイ素28どうしが核融合をはじめると思うかもしれない。ところが、その電気的な反発力が大きすぎるために、ケイ素28どうしがそれに打ち勝って核融合を起こすことはない。それは、温度が上がると光が核融合の邪魔をするようになるからだ。

星の中心付近の温度が高いとは、原子核や電子の運動が激しいということであった。このような電気をもった粒子が激しく動き回ると、光子が次々と放出されるという性質がある。電気をもつ粒子は光子の雲のようなものをまとっていて、方向を変えるときにその一部が振り落とされるというイメージだ。こうして生じる（一核子あたりの）光子の数は温度の3乗に比例するので、たとえば温度が10倍になれば光子の数は1000倍にもなる。また光子の平均のエネルギーは温度に比例するという性質がある。

温度が20億度に達する頃には、星の中心付近はエネルギーの高い光（ガンマ線）に満たされるようになる。するとあたかもレーザー銃で物を破壊するかのように、光子がケイ素28からヘリウム4を叩き出してマグネシウム24に分離する、ということが起きる。このとき原子核に吸収された光のエネルギーは、アインシュタインの式にしたがって質量に変換される。これは核融合の逆反応であり、**光分解**とよばれる。

こうして原子核から次々に叩き出されたヘリウム4は、まわりのまだ壊されていないケイ素28とただちに核融合を起こす。ケイ素どうしでは電気的な反発力が大きすぎるが、20億度という高温の中では、電気の小さいヘリウム4とケイ素28なら簡単にくっつくことができるのだ。これを**ケイ素燃焼**という。燃焼といっても、半分は溶けながら燃えるようなイメージだ。

ケイ素28が次々にヘリウム4と核融合すると、硫黄32、アルゴン36（原子番号18）、カルシウム40（原子番号20）のように、原子番号の大きい元素がつくられていく（**図4・3**）。これらは安定同位体であるが、カルシウム40より先から放射性同位体の領域に突入する。たとえばカルシウム40とヘリウム4が核融合したチタン44（原子番号22）は、60年の半減期で電子捕獲する放射性同位体である。ところが、この時点で星に残された寿命は、わずか1週間くらいしかない。つくられた放射性同位体は、電子捕獲するよりも先に次々にヘリウム4と核融合し、ついにその終着点――ニッケル56（原子番号28）――に到達する。核融合はもうこれ以上起こらない。このときの星の中心温度は50億度に達し、非常にエネルギーの高い光で満たされている。

図4・4に、星の中でつくられるおもな同位体について（水素の質量を100としたときの）一核子あたりの質量を示す。谷のような形をしているので、これを原子核の**安定の谷**とよぶことにしよう。核融合では、アインシュタインの式にしたがって質量がエネルギーに変換されるので、ヘリウム4から炭素12、そして酸素16へと質量数が大きくなるにつれて、安定の谷を転げ落ちる

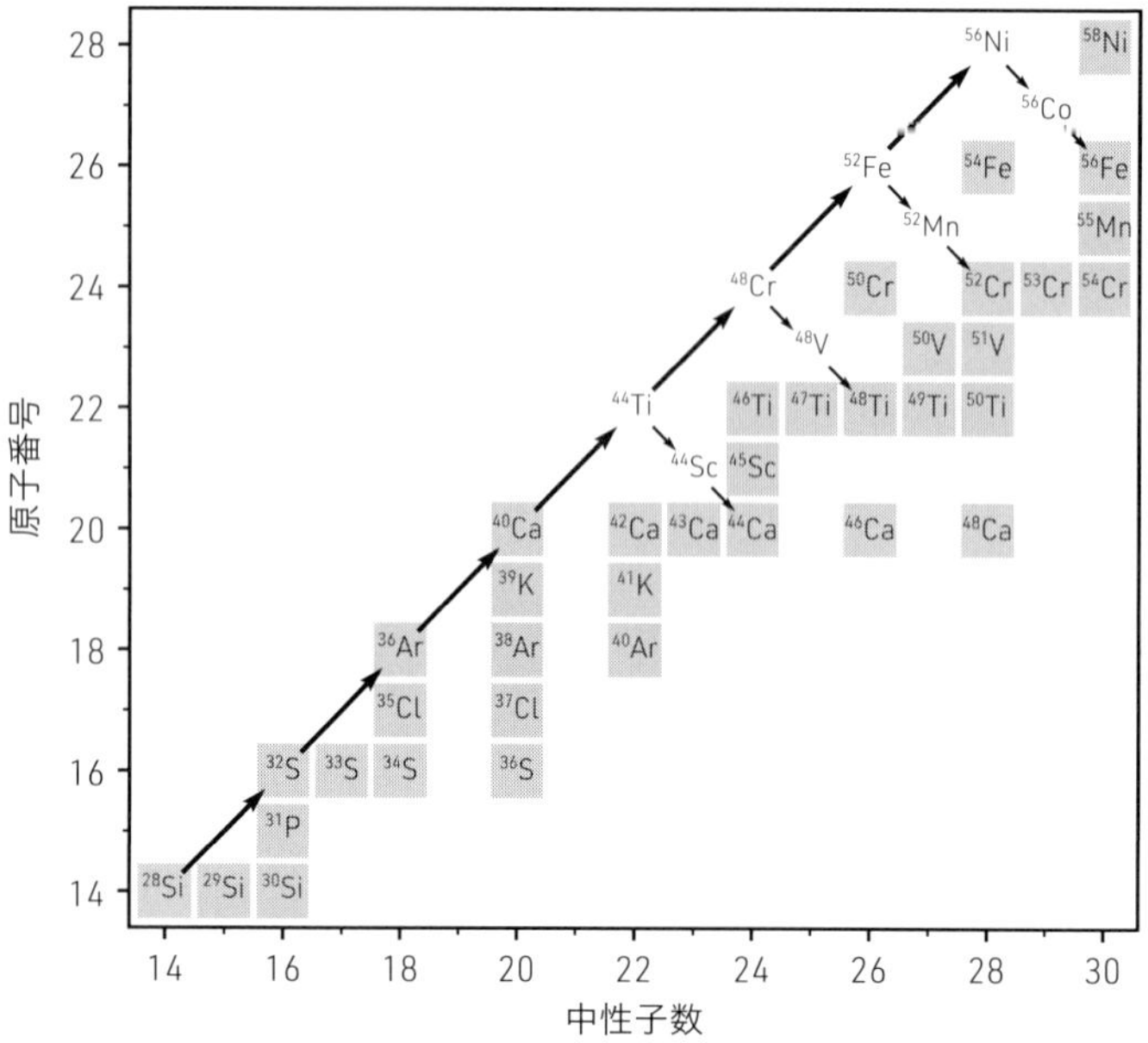

［図4.3］ ケイ素燃焼におけるおもな核融合の経路

グレーの四角は安定同位体、その他は放射性同位体（反応にかかわるもののみ）を表す。元素記号（口絵3参照）の左上添え字は質量数である。右斜め上向きの矢印はヘリウム4との核融合反応、右斜め下向きの矢印は電子捕獲反応を示す。

かのように一核子あたりの質量が減少していることがわかる。そして、安定の谷の底に位置するのがニッケル56である。その一核子あたりの質量は水素より0・88パーセント小さい。安定の谷の右側をのぼって（ヘリウム4を吸収して）亜鉛60（原子番号30）やゲルマニウム64（原子番号32）などの同位体にたどり着いたとしても、一核子あたりの質量がより大きいので、ただちに谷底に突き落とされてしまう——光分解してヘリウム4を放出する。

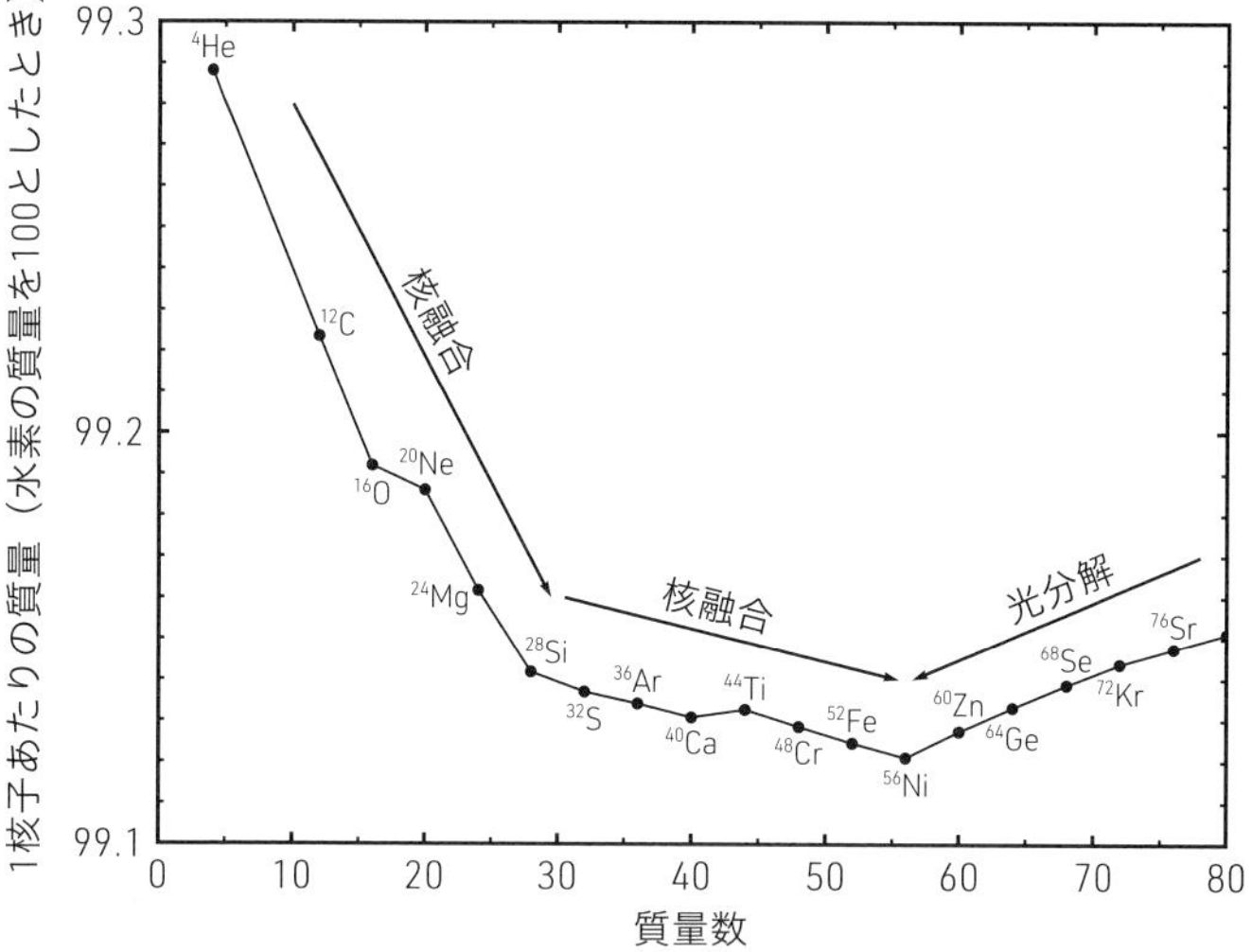

［図4.4］ 星の中でつくられるおもな同位体の安定の谷

陽子数と中性子数が等しい同位体の1核子あたりの質量（水素の質量を100とする）。元素記号（口絵3参照）の左上添え字は質量数である。ヘリウム4からカルシウム40までは安定同位体、その他は放射性同位体である。ニッケル56が谷底に位置する（1核子あたりの質量が水素より0.88%小さい）。

このとき実際には、ヘリウム原子核だけでなく陽子や中性子との核融合も同時に起きているのだが、どんな原子核がつくられようとも最終的に原子核は安定の谷底へ向かう。

　このように、光分解が十分起こりうる高温状態では、一核子あたりの質量が小さい同位体ほど多く分布することになる（**原子核統計平衡**という）。原子核統計平衡では、チタン、バナジウム、クロム、マンガン、鉄、コバルト、ニッケル、銅などの**鉄族元素**が多く分布することになる。そして、中心に鉄族元素がつくられた星の死は目前に迫っているのである。

安定の谷（図4・4）を眺めれば、アインシュタインの式（図3・1）の意味することがよく理解できるのではないだろうか。質量とは、エネルギーを原子核のような小さい領域に閉じ込めたときの一つの形にすぎない。ニッケル56に比べて質量数のより小さい（または大きい）元素は、より多くのエネルギーを原子核の質量という小さな瓶の中に蓄えている。そして、その瓶の蓋をゆるめてエネルギーを解放してやれば新たな元素を生みだすことができる、という可能性を秘めているのだ。

重力崩壊から超新星爆発へ

こうして、星の中心にはおもにニッケル56などの鉄族元素からなる半径1000キロメートル程度の鉄コアがつくられる（ニッケル56は後に安定同位体の鉄56に崩壊するので、便宜上このようによぶ）。このときの星内部には、中心の鉄コアを覆うようにケイ素の層、酸素・ネオン層、炭素・酸素層、ヘリウム層、水素層があり、玉ねぎのような構造になっている（**図4・5**）。それぞれの層の底で核融合が起きるために、軽い星の場合と同様に星は膨れ上がり、**赤色超巨星**になる。半径は数億キロメートルにもなり、その大きさは太陽を中心とした木星の軌道に達するほどである。星全体から見れば鉄コアは中心の点のようなものだ。

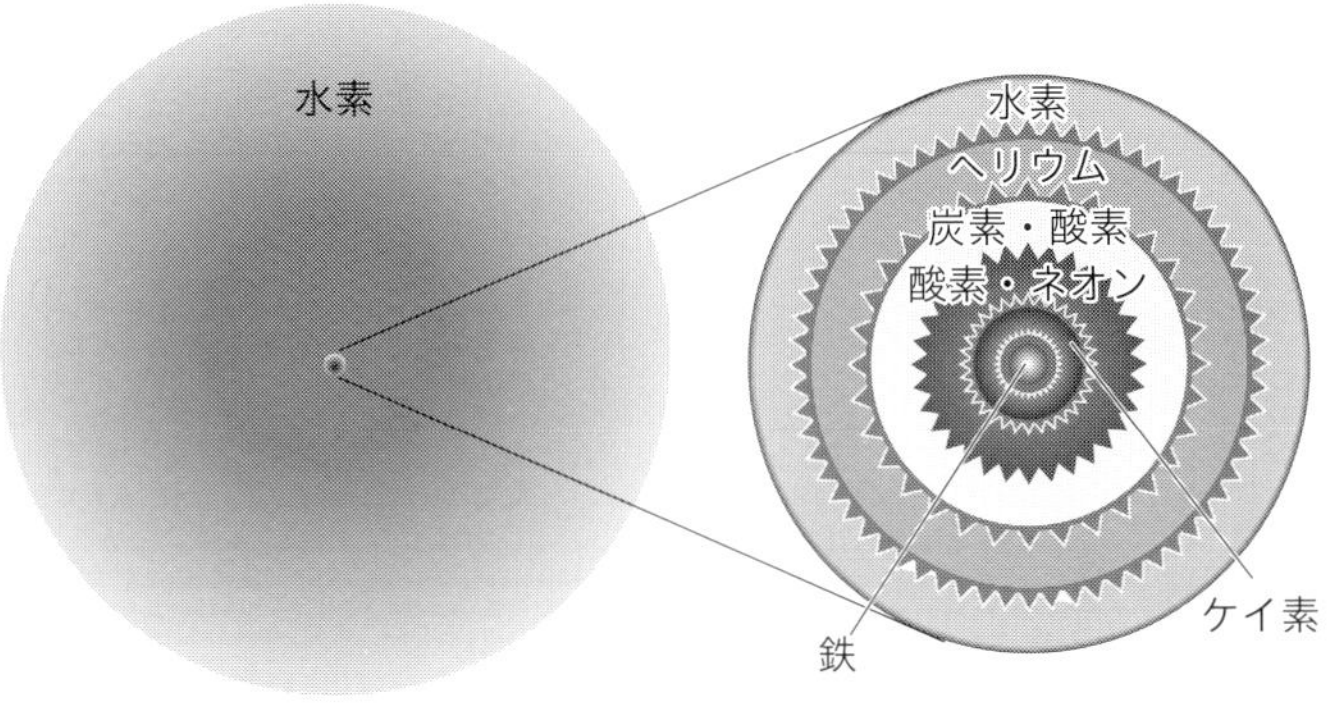

［図**4.5**］ **爆発直前の大質量星の内部**
終末を迎えた大質量星（赤色超巨星）中心付近の元素組成（玉ねぎ構造という）。

鉄コアではもはや核融合は起こらないので、白色矮星の場合と同じようにぎゅうぎゅうに詰まった電子、すなわちパウリの原理による電子の圧力が星の強大な重力に対抗している。それに加え、鉄コアの温度は50億度にもなるので、おびただしい数の光子が電子や原子核にぶつかることにより生じる光の圧力も重力に対抗する手助けをしている（温度が高いほど光のエネルギーは高く、光子の数は増えるのだった）。ところが、さらに重力収縮が進んで温度が上昇すると、ついに鉄コアを構成する元素は光分解をはじめる——光のエネルギーが質量に変換されるために、圧力が減少する。それと並行して、あまりに大量に詰めこまれた電子は鉄族元素にとらえられる——電子捕獲により、電子の圧力が失われる。

それまで電子と光の圧力に支えられていた星の中心部は、突然にそのはしごを外されてしまうのだ。支えを失ったコアの物質は中心に向かって急速に落下する——**重力崩壊**のはじまりだ。それに伴って温度も急上昇し、100億度を超える頃には、鉄コアを構成する元素はエネルギーの極めて高い光によってばらばらの陽子と中性子に光分解してしまう。すると、陽子はぎゅうぎゅうに詰まった電子を次々に捕獲して、中性子になる。その中性子がベータ崩壊して陽子に戻ることはない。電子を放出できないほどのすし詰め状態だからだ。こうして、コアのほとんどは中性子で構成されるようになる。

重力崩壊がはじまってから1秒もたたないうちに、中心ではぎゅうぎゅうに詰まった中性子がそれ以上縮めない状態になる——**中性子星**の誕生だ。そして、星は中心に中性子星を残して爆発してしまう。これが**超新星爆発**である。その爆発のエネルギーは、太陽が120億年の生涯をかけて放つエネルギーの総量にも匹敵する。

重力崩壊型超新星——大質量星の最期

後で登場するもう一つのタイプの超新星と区別するために、このような太陽質量の8倍以上の星が生涯の最期に起こす爆発のことを**重力崩壊型超新星**とよぶ。これまで、天の川銀河の中に、過去に起きた（後で登場するもう一つの型をふくむ）超新星爆発の残骸が200くらい見つかっている（**図4・6**）。もちろん超新星は新しい星ではない——星が死の間際に明るく輝く現象だ。とはいえ、ティコ・ブラーエらが1572年にこのような突然明るく輝く星を発見した際、それ

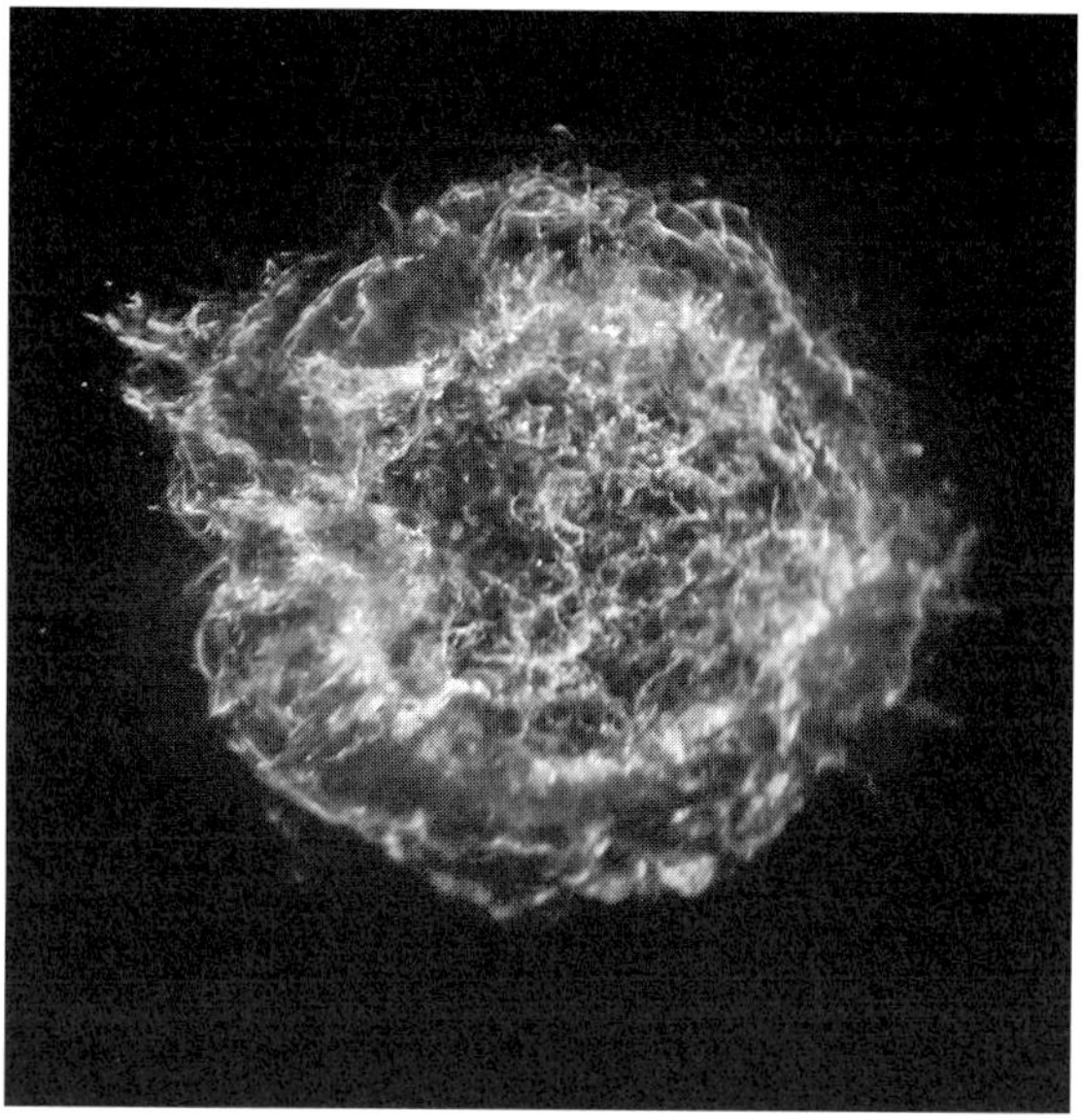

［図4.6］ 重力崩壊型超新星（カシオペアA）の残骸
チャンドラX線天文衛星による画像。西暦1680年頃に出現したと推定されている。その中心付近には中性子星が見つかっている。地球からの距離は約1万1000光年。
［NASA/CXC/SAO］

を新星（後の超新星）と名づけるに至ったのは想像にかたくない。

ところで、太陽質量の8〜10倍の星では、中心に酸素とネオンができたところで核融合が終わってしまうのであった。このような星の運命はどうなるのだろうか。

この酸素・ネオンコアも白色矮星のように、ぎゅうぎゅうに詰まった電子の圧力で支えられている。コアの質量がチャンドラセカール限界質量（太陽質量の約1・4倍）より小さい場合は、より軽い星の場合と同様に惑星状星雲となって、その生涯を終える——中心には酸素とネオンからなる白色矮星が残される。

他方、酸素・ネオンコアの質量が太陽質量の1・4倍にかなり近い場合は、その重力に対抗する電子の圧力が非常に高くなるために、ネオンの同位体が電子捕獲をはじめる。すると電子の圧力が下がるので、コアは重力収縮を起こす。そして、温度が20億度を超えた途端に酸素の核融合がいっきに進み、コアはニッケル56などの鉄族元素の塊になってしまう。この先はより重い星の鉄コアと同じ運命をたどり、星は重力崩壊を起こして超新星爆発に至る。

これも重力崩壊型超新星の一つであるが、**電子捕獲型超新星**とよんで区別することもある。酸素・ネオンコアの質量がどこまで増加するかはよくわかっていないので、現実に電子捕獲型超新星が存在するかどうかについても、結論は得られていない。

星はなぜ爆発するのか——重力エネルギーの解放

そもそも、鉄コアでは核融合のエネルギーが生じないから重力崩壊がはじまったのだった。ではなぜ爆発が起きるのだろう？　そのエネルギー源はなんだろうか？

答えを先に言ってしまえば、それは重力による位置エネルギー（**重力エネルギー**とよぼう）である。もう少し身近な例で、重力エネルギー（とエネルギー保存則）について説明しよう。

たとえばみなさんがいま手にもっているこの本（あるいはタブレットでもいい）の重力エネルギーは、地面を基準とすれば本の重さ（＝質量×重力加速度）と地面からの高さとの積に等しい。次に少し手荒な扱いをするので、本をボールにもちかえよう。ボールから手を放すと、ボールは速さゼロの状態から加速しながら落ちていく。そして、地面に衝突すると上昇に転じる。ボールや床の性質によって、どのくらいの高さまで上昇するかは異なるが、落ちはじめの高さを超えることは決してない。自然界ではいつでも**エネルギー保存則**が成立するからだ。もともとボールがもっていた重力エネルギーは、ボールの運動エネルギーや振動・回転エネルギー、空気との摩擦による熱エネルギー、床（地面）の振動や摩擦のエネルギーなど、さまざまな形態のエネルギーに姿を変えるが、その総量は決して変わらないのである。

鉄コアの重力崩壊の場合はどうだろうか？　光分解と電子捕獲で支えを失った物質は中心に向かって落下していく（重力エネルギーが運動エネルギーに変換される）。それが跳ね返っても、ボールの例から類推すれば、もとの高さを超えることはないように思える。もし落下する物質がもとの鉄コアの半径を超えて爆発に至るとすれば、エネルギー保存則が破れていることにはならないだろうか？　しかしこの場合は、先ほどのボールの例とちがって、落下する物質だけではなく、中心につくられる中性子星の存在も忘れてはならない。

わかりやすくするため、大小二つのボールを用意してみよう。それぞれを別々に落としても、結果はもちろん先ほどのケースと同じだ。大小のボールはもとの高さより低いところまでしか上昇しない。次は、大きいボールの上に小さいボールを重ねて静かに手を放してみよう。小さいボールが手を離した位置より高くまで弾むことだろう。あたかもエネルギー保存則が破れているように見えるかもしれないが、もちろんそんなことはない。よく見ると、大きいほうのボールは単独で落としたときに比べて弾み方が小さい。つまり、大きいボールがその重力エネルギーを分け与えたから、小さいボールはより高く弾むことができたのだ。エネルギーの総量はもちろん保存されている。

鉄コアの重力崩壊の場合は、生まれたばかりの中性子星が大きいボールに相当すると思えばいい。中心にできた中性子星をつくる物質（大きいボール）は跳ね返ることなく、後から落ちてくる物質（小さいボール）に重力エネルギーを分け与える。そのエネルギーを使って、星は爆発できるのだ。

ニュートリノが星を爆発させる

半径1000キロメートルくらいの鉄コアが半径10キロメートルほどの中性子星に収縮したときに解放される重力エネルギーは、星が爆発するのに必要なエネルギーのじつに100倍にもなる。こう聞くと星はいとも簡単に爆発しそうだが、それは正しくない。超新星が爆発するしくみは宇宙物理学の未解決問題の一つなのである。

星は単純にボールが跳ね返るように爆発するわけではない。落ちてきた物質は跳ね返ろうとしても次から次に降ってくる物質に押し返されて、中性子星の表面近くで動けなくなってしまうのだ。結果的に、鉄コアの重力エネルギーのほとんどは運動エネルギーではなく熱エネルギーに変換され、物質の温度は数百億度にまで上昇する。

このような高温の物質は極めてエネルギーの高い光に満たされた状態になるが、光はぎゅうぎゅうに詰まった核子（おもに中性子）や電子に邪魔されて進むことができない。その代わり、二つの光子がぶつかって電子と陽電子がつくられるという反応が頻繁に起こる。このときの光子二つのエネルギーの和をアインシュタインの式にしたがって質量に換算すると、電子と陽電子の質量を上回るからである。これは、前章で出てきた電子と陽電子の対消滅の逆反応であり、電子と陽電子の**対生成**という。

電子や陽電子が現れると、それに伴ってニュートリノが現れる。中性子星の内部や表面付近では、対生成された電子と陽子が再び対消滅してニュートリノと反ニュートリノができる――ニュートリノが対生成される――ということが頻繁に起きる（反ニュートリノはニュートリノの反粒子）。

光子はほとんど動くことができないので、電子・陽電子対を経由して、自由に動けるニュートリノへと次々に変換されていく。こうして、重力エネルギーのほとんどは最終的にニュートリノのエネルギーになる。ニュートリノは物質とほとんど反応しないので、星をするすると抜け出して光の速さで飛び去ってしまう。要するに、鉄コアの重力エネルギーのほとんどはニュートリノになって失われてしまうのだ。これが爆発を説明するのがむずかしい理由だ。

ニュートリノは物質とほとんど反応しないとは言っても、まれに反応することがあるのだった。中性子星の表面付近ではどうだろうか？　おもに中性子からなる物質の密度は1立方センチメートルあたり数万トンもの大きさになるので、ニュートリノのエネルギーが物質に吸収されること（**ニュートリノ加熱**）も十分にありそうだ。重力崩壊により生じるエネルギーは超新星爆発に必要なエネルギーの100倍にもなるので、もしニュートリノのエネルギーが1パーセントでもまわりの物質に吸収されれば、星は爆発できることになる。それが可能かどうかは、コンピューターを使った数値シミュレーションによって確かめなければならない。

コンピューターで超新星爆発を再現する

1960年代の終わり頃から、コンピューターを用いた数値シミュレーションにより超新星爆発を再現しようという試みがはじまった。中性子星をとりまく物質の複雑な運動とともに、物質中をニュートリノが伝わっていくプロセスを計算するのである。これは技術的に非常に困難であり、当時の最速のスーパーコンピューターを用いても数ヵ月かかるという大がかりなものであった。

スーパーコンピューターで数ヵ月かけて計算できる実時間は、たかだか1秒くらいである。たったの実時間1秒であるが、その結果から星が爆発するか否かを判断するのである。

唐突だが、怪獣映画などでビルが崩れるシーンをご覧になったことがあるだろう。最近ではCG技術の進歩により、実写と見紛うようなビルの崩壊映像がつくれるようになったが、かつてはミニチュアのセットをつくって撮影していた。そして、その映像をわざとゆっくり再生することで、そのビルが巨大であるかのように錯覚させる、というテクニックを用いた。

超新星爆発の場合はこれとまったく逆である。星の中心付近の強大な重力のために、大きなサイズにもかかわらず物が落ちるのが非常に速いのだ。半径1000キロメートルほどの鉄コアが重力崩壊をはじめると、物質は中心に向かって猛スピードで落ちはじめる。そして、半径10キロメートルほどの中性子星付近で爆発がはじまると、衝撃波があっという間に数千キロメートルの範囲に達する。この間、わずか1秒程度である。数値シミュレーションの結果を実時間で再現しても、まるでミニチュアの撮影のようで現実味がわかないかもしれない。

初期の研究では、星を1次元の球として扱っていた。1次元といっても、紐のようなものではなくて、半径という一つの変数だけで星を表現するということだ。すなわち、星は完全に球対称であると仮定していた。この1次元の数値シミュレーションで爆発が再現できたのは、太陽質量の10倍程度の最も軽い部類の超新星の場合だけであった。このような星の場合は鉄コアの質量が小さいので重力が比較的弱く、また爆発を妨げるまわりの物質の密度も比較的小さいために爆発が容易だったのだ。ところが、それより重い星については爆発の兆候すらまったく見られなかった。そんな悪夢のような時代が30年以上も続いたのである。

２０００年代になると、コンピューターの処理能力やプログラミング技術の向上に伴い、２次元のシミュレーションをおこなうことが可能となった。この２次元も平面という意味ではなく、ろくろでつくった壺のように星が軸対称であると仮定するということだ。すると、次々と爆発再現の成功が報告されるようになった（**図4・7**、カバー後ろ袖の図も参照）。１次元の場合と何がちがったのだろうか。

それは、２次元にすることで物質の対流を扱えるようになったことだ。対流とは、流動する物質が熱を運ぶ現象のことであった。超新星の場合は、中性子星の表面付近でニュートリノを吸収して温められた物質が上昇して外側に熱を伝え、外側の冷たい物質が中性子星の表面付近に沈み込むとニュートリノによって温められるという物質の循環ができる（図４・７の右半円）。

このように、１次元の場合より効率よくニュートリノのエネルギーがまわりの物質に伝えられることにより、爆発が再現されるようになったのである。

私たちが住んでいる世界は言うまでもなく３次元空間である。にもかかわらず１次元や２次元のシミュレーションしかおこなわれなかったのは、単純に計算時間の問題であった。３次元のシミュレーションには時間がかかりすぎたのだ。幸いコンピューターの計算速度の向上はとどまることを知らず、２０１０年代半ばにはついに３次元の数値シミュレーションが可能になった。と

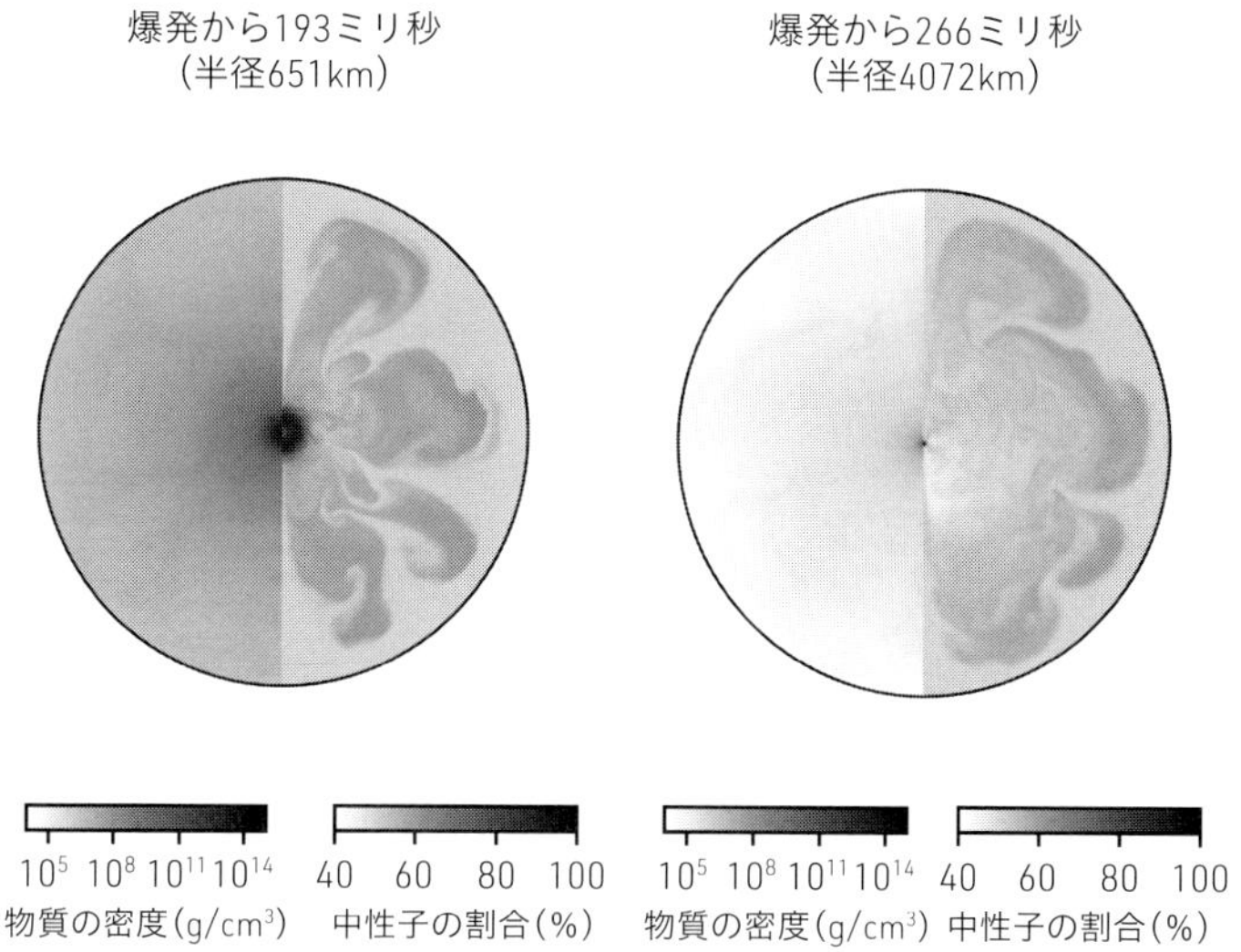

[図4.7] 重力崩壊型超新星爆発の2次元数値流体シミュレーション
左右の円はそれぞれ爆発がはじまってから193ミリ秒後（円の半径は651キロメートル）および266ミリ秒後（4072キロメートル）の星の中心付近の様子。左半円は物質の密度（g/cm^3）、右半円は物質中の中性子の割合（%）を表す。中心には生まれたばかりの中性子星がある。数値データはBernhard Müller氏より提供。

ころが、その最初の結果はやや残念なものであった。1次元の場合と同様に、太陽質量の10倍程度の星までしか爆発が再現されなかったのである。3次元の場合、対流の影響によるニュートリノ加熱の効率は、2次元の場合ほどではなかったようだ。

それでも、決して振り出しに戻ったことを意味しない。1次元の場合のように爆発の兆候がまったく見られないわけではなく、あとほんの少しで爆発しそうな気配がある（たとえばニュートリノ加熱の効率があと10パーセントくらい上昇すれば爆発する）。実際に、太陽質量の10倍より重い星についても、3次元シミュレーションで爆発する例が少しずつ報告されるようになってきている。今後のコンピューターの計算能力の向上や超新星の数値モデルの改良を待とう。超新星の爆発メカニズムが完全に解明される日も、そう遠くはないだろう。

超新星1987Aからのニュートリノ――カミオカンデの偉業

数値シミュレーションではまだ爆発が完全に再現されていないのに、研究者の多くはニュートリノ加熱により超新星が爆発するという大筋のシナリオは間違ってはいないと考えている。それには理由がある。1987年に大マゼラン雲に現れた超新星からのニュートリノが、岐阜県神岡の地下1000メートルに建設されたカミオカンデによってとらえられたのだ。そして、その検出されたニュートリノの数が理論的な予測と見事に一致したのである。

大マゼラン雲は私たちの住む天の川銀河のすぐ近く、といっても私たちから16万光年のところにある小さな銀河である。南半球からはその隣の小マゼラン雲とともにぼんやりと光って見える。1987年2月23日、この大マゼラン雲にひときわ明るく輝く天体が出現し、数日後には肉眼でも十分確認できるほどにまで増光した（**図4・8**）。これは、ヨハネス・ケプラーが天の川銀河

［図4.8］ 1987年2月23日に大マゼラン雲に出現した超新星1987A
右（矢印）は爆発前、左は爆発後の星の画像。
［David Malin/Australian Astronomical Observatory］

の中で起きた超新星爆発を発見して以来、じつに383年ぶりに人類が肉眼で見ることができた超新星だった。もちろん、実際にこの星が爆発したのは16万年前であり、その光がようやく地球に到達したわけだ。

天の川銀河では、見逃されているものもふくめると、平均して50年に1回くらいの頻度で超新星爆発が起きていると推定される。超新星の明るさは太陽の100億倍にもなり、一つの銀河の明るさにも匹敵するので、遠くの銀河に現れた超新星でも比較的容易に見つけることができる。現在では年間500以上の超新星が発見されている。

カミオカンデは3000トンの水を蓄えた巨大水槽であった。壁面にびっしりと敷き詰められた光電子増倍管により、ニュートリノが水分子をつくる電子や陽子にぶつかったときに生じる光をとらえることに成功したのだった。

カミオカンデが建設されたのは1983年のことであり、当初の目的は陽子崩壊という素粒子物理の標準理論を超えるモデルを検証することであったが、期待された成果は得られなかった。そこで、当時は未解決だった太陽ニュートリノ問題に焦点を合わせるべく、ニュートリノ検出器としてチューニングされた。ようやく観測の準備が整ったのは1987年1月、じつに超新星1987Aからのニュートリノがやってくるわずかひと月前だった。しかも、超新星からのニュートリノが検出されるわずか数分前には、メンテナンスのために装置を3分間止めていたらしい。このとき、おびただしい数のニュートリノが大マゼラン雲からの16万光年という長い旅を経て、まさに岐阜県神岡を通過しようとしていたとは、誰も夢にも思わなかったであろう。

このとき、超新星からのニュートリノは11個検出された（**図4・9**）。このわずか11個のニュートリノが宇宙物理学の歴史を変えたといっていいだろう。

超新星が現れた大マゼラン雲までの距離と方向がわかっているので、この11個から超新星が放ったニュートリノの総数を見積もることができる。計算によると、地球上の一平方センチメートルあたりに降り注いだニュートリノの数は、なんと100億個にも達する（このときすでにこの

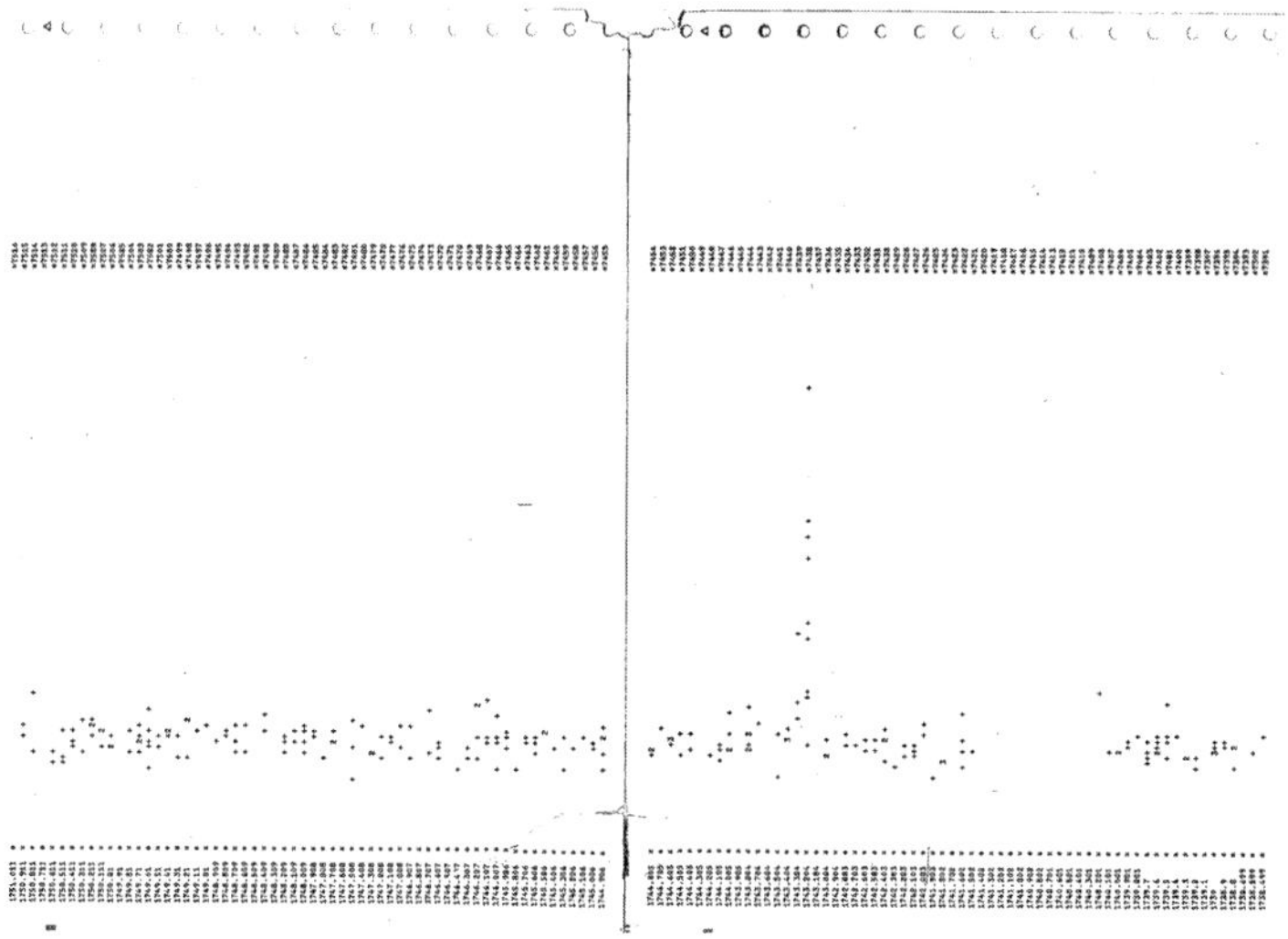

［図**4.9**］ **超新星1987Aからのニュートリノのシグナル**

カミオカンデによるニュートリノ検出を示すデータのプリントアウト。時間は右から左に進んでいる。一列の点は時間間隔10秒に相当する。バックグラウンドの中にニュートリノの信号を表すピークがある（データの空白はメンテナンス中であったことを示す）。
［画像提供：東京大学宇宙線研究所 神岡宇宙素粒子研究施設］

世に生を受けていた人は例外なく、超新星1987Aからのおびただしい数のニュートリノを浴びたことになる）。検出されたニュートリノ一個あたりのエネルギーと、見積もられたニュートリノの総数とを掛ければ、超新星が放ったニュートリノのエネルギーが計算できる。そしてその値は、鉄コアが中性子星に収縮するときに解放される重力エネルギーと見事に一致した。超新星爆発の理論の大筋が正しかったことが証明されたのである。

現在でも研究者たちがニュートリノ加熱による爆発のメカニズムに大きな異論を唱えないのは、そのためた。こうして、それまではおもに素粒子物理学の研究対象であったニュートリノが天文学と結びついた。ニュートリノ天文学の誕生である。

ニュートリノによる超新星爆発予報

超新星爆発は天の川銀河で50年に1回くらいの頻度でしか起こらない。少ないようでもあるが、人間の平均寿命を考えれば、一生のうちに1回か2回は目撃するチャンスがあるとも言える。そのときに備えてニュートリノによる超新星爆発の予報をおこなおうという試みが、スーパーカミオカンデの研究グループなどにより実際に進められている。

星がひとたび重力崩壊をはじめると、1秒もたたないうちに中心部からニュートリノが放出されて爆発がはじまる。このニュートリノは光の速さで飛び去っていく。そして、中性子星表面付近でニュートリノの約1パーセントのエネルギーを吸収した物質が急激に膨張するために、**衝撃波**が生じる。衝撃波は、物体が超音速で動いたときに生じ、その波面で物質を加熱する（**衝撃波加熱**という）。衝撃波により運動エネルギーの一部が熱エネルギーに変換されるからだ。超音速機が目の前を飛び去った後に爆音が轟くのも衝撃波のせいだ（衝撃波加熱により機体表面の温度が非常に高くなるので、極めて耐熱性の高い材料を用いて製造する必要がある）。

ニュートリノのエネルギーはこうして衝撃波による熱エネルギーに変換される。そして衝撃波が星の表面に到達すると、星はそれまでと比べものにならないほど明るく輝きはじめる。これが超新星爆発として観測されるのだ。

衝撃波は超音速で伝わるものの、光速よりはずっと遅い。そのため、衝撃波が発生してから星の外側へ伝わって超新星として輝き出すまでには、数時間程度かかる。すなわち、星の重力崩壊が天の川銀河のどこかで起きて、スーパーカミオカンデなどでそのニュートリノが検出されたとすれば、それは超新星が輝き出す数時間前であるということになる。このときに世界中の天文学者に向けて超新星が天空のどの位置に現れるかを知らせる予報を出せば、地上の大型望遠鏡や人工衛星に搭載された望遠鏡（宇宙望遠鏡）を用いて、その爆発の瞬間からの観測が可能になる。そのような観測が実現されれば、超新星爆発の理解が急速に進むことになるだろう。

爆発を起こしそうな候補としていま最も注目されているのが、オリオン座の赤く輝く星、ベテルギウスである。ベテルギウスは赤色超巨星であり、そのサイズは木星の軌道全体を飲み込むほどである。質量は太陽の20倍程度で、今後１００万年以内に超新星爆発を起こすと予測されている。それが明日なのか数十万年後なのか、それは誰にもわからない。私たちからベテルギウスまでの距離は６４０光年なので、もしかしたらすでに爆発していて、その光がニュートリノとともにこちらに向かっている最中かもしれない。

爆発の数日前から予報を出せる可能性もある。ケイ素燃焼がはじまる頃から星の中心の温度が高くなるために、重力崩壊のときと同じ理由でニュートリノ・反ニュートリノが対生成されるからである。その量は爆発のときに比べるとずっと少ないものの、ベテルギウスのように私たちから比較的近くにある星であれば、1週間くらい前にテレビのニュースで超新星爆発予報のアナウンスが出せる可能性がある。果たして私たちはベテルギウスの爆発を見ることができるのだろうか。こればかりは、できるだけ長生きして気長に待つしかない。

私たちは超新星爆発を経験している

超新星爆発により、星の中でつくられたヘリウム、炭素、酸素からケイ素までの元素が放出される。私たちの体の大部分をつくる酸素はこうして宇宙空間に放出されたのだ。つまり私たちの体の大部分は超新星爆発を経験しているということになる。

星の中心につくられた鉄コアのほとんどは中性子星につぶれてしまうが、爆発の際にも新たに鉄族元素がつくられる。衝撃波が通過する際に、ケイ素層の一部が50億度くらいにまで加熱されるからだ。それもふくめると、超新星爆発によって炭素、酸素から鉄族元素までが放出されることになる。太陽よりずっと重い星が1000万年という長い時間をかけてつくりあげた元素が、その生涯の最期のきらめきとともに宇宙空間に解き放たれ、それがいま、私たちの体の中にある。私たちはまさに星の子なのだ。

超新星爆発によって放出される鉄族元素の主成分は、安定の谷底（図4・4）にいるニッケル

56である。ニッケル56は放射性同位体であり、6・08日の半減期で電子捕獲してコバルト56になる。コバルト56も放射性同位体であり、77・2日の半減期で電子捕獲して安定同位体の鉄56に落ち着く（図4・3）。

核融合の場合と同様に、電子捕獲によって減少した質量（＝エネルギー）は波長の短い光であるガンマ線のエネルギーとして、ニュートリノとともに放出される。最初に超新星が輝く理由は衝撃波による加熱であったが、やがてこのコバルト56の崩壊熱が主要な熱源となる。コバルト56は比較的長い半減期をもつので、爆発による放出物にじわじわと熱を与え続けるからだ。こうして超新星は数百日にわたって輝き続けるのである。

ここで、本章の序盤で示した「4の倍数の謎」について種明かしをしておこう。太陽系元素組成（図4・2）の炭素から鉄までの分布において、質量数が4の倍数の同位体が際立って多いのはなぜか、という問題のことだ。

星の中心でヘリウム核融合がはじまってからは、おもにヘリウム4の核融合やその生成物どうしの核融合を経由してニッケル56までつくられたので、これは当然の結果と思うかもしれない。それでは、ケイ素燃焼のときに光分解でおもに放出されるのが陽子や中性子、あるいは重水素やヘリウム3などではなく、なぜヘリウム4だったのだろう？

図4・10は地球上に天然に存在する同位体の安定の谷（一核子あたりの質量）を表す。これを見ると、炭素より軽い元素の中ではヘリウム4の一核子あたりの質量が際立って小さい——谷底

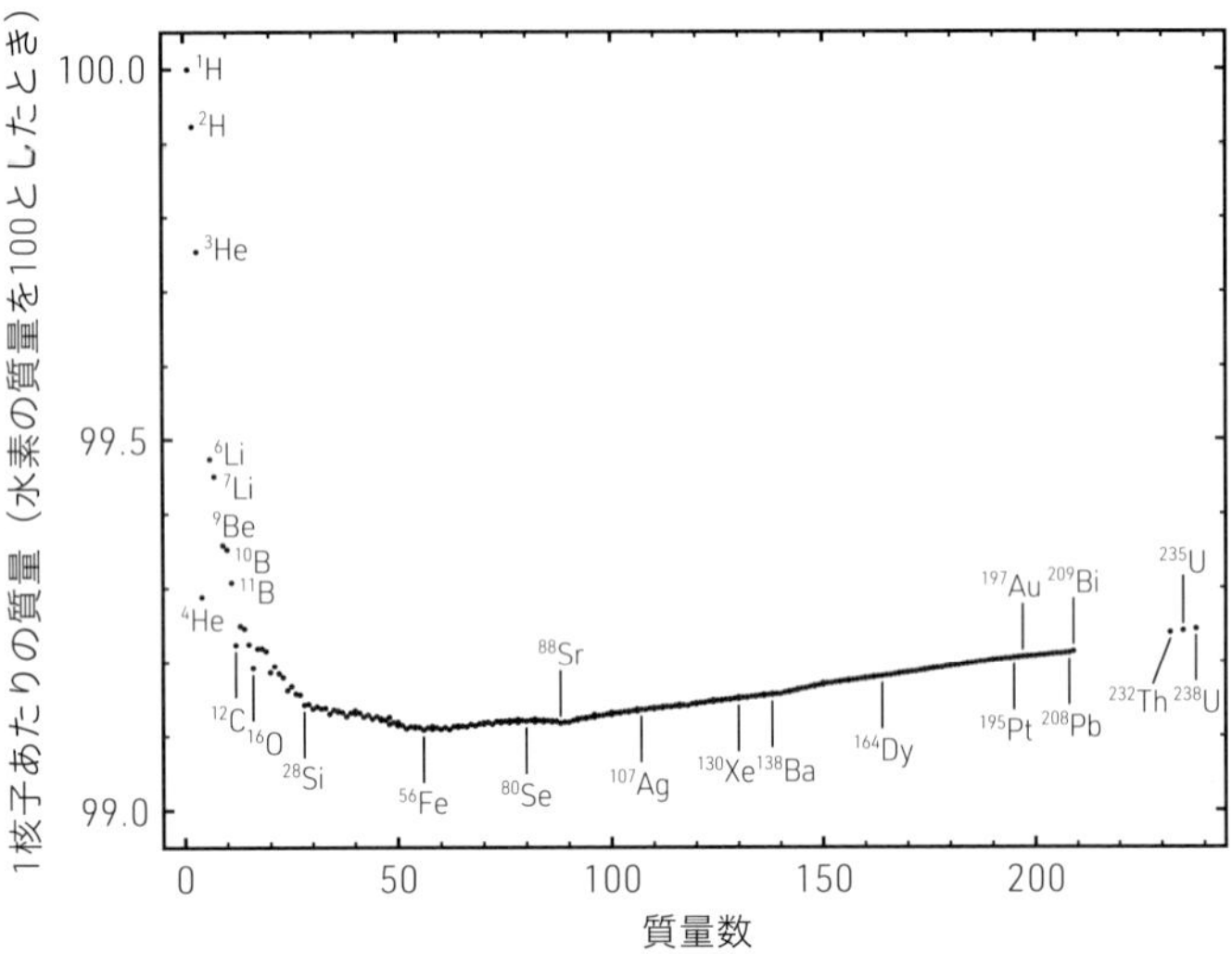

[図**4.10**]　**地球上に天然に存在する同位体の安定の谷**

水素の質量を100としたときの1核子当たりの質量。元素記号（口絵3参照）の左上添え字は質量数である。谷底に位置するのは1核子あたりの質量が最小（水素より0.89%小さい）の鉄56である。

に近い——ことがわかる。ヘリウム4は、陽子と中性子がそれぞれ二つずつがっしりと強く結合しているために、際立って安定なのである。実際に、**アルファ元素**とよばれる炭素、酸素、ネオン、マグネシウム、ケイ素、硫黄、アルゴン、そしてカルシウムの原子核はヘリウム4——アルファ粒子——を単位として成り立っているようなものだ。たとえばケイ素28の原子核は14個の陽子と14個の中性子からなるが、それはあたかも7個のヘリウム4で構成されているような状態である。ケイ素が光分解されるときにヘリウム4が放出されるのはそのためだ。安定の谷でヘリウムよりずっと高いところに位置する水素（陽子）、重水素、ヘリウム3などを放出するには、よりエネルギーの高い光を注ぎ込まなければならない。

「ニッケル56」の節で見たように、原子核は安定の谷底へ向かう性質がある。そして真の谷底に位置するのは鉄56である（図4・10）。つまり鉄56はあらゆる同位体の中で最も安定――一核子あたりの質量が最小――である。鉄56はニッケル56より一核子あたりの質量が0・003パーセント小さい。ケイ素燃焼で一度は仮の谷底（図4・4）に落ち着いたニッケル56は電子捕獲を繰り返し、より質量の小さいコバルト56、そして真の谷底に位置する鉄56にたどり着くと、ようやくその元素合成の旅を終える。太陽系元素組成（図4・2）に鉄56のきわだったピークが見られるのはそのためだ。

図4・10に見られるように、鉄56より重い同位体については、質量数の増加とともに緩やかに一核子あたりの質量が上昇している。これは、原子核内部の陽子数が増えるとともに電気的な反発力が強くなり、核子どうしの結びつきが緩くなるためである。

もう一つの鉄の起源――Ia型超新星

これまで見てきたのは、太陽の8倍以上の質量をもつ星の最後を飾る重力崩壊型超新星についてであった。そして重力崩壊型超新星が炭素から鉄までの元素を宇宙空間に放出していることを学んだ。

じつは、これらの元素の一部はほかの天体からも放出される。太陽系に存在する炭素と窒素の半分くらいは、太陽質量の8倍以下の星が惑星状星雲になったときに放出したものであると考えられている。そして第6章で明らかになるように、太陽系にある鉄の半分くらいの起源は別のタイプの超新星爆発である。それが**Ia型超新星**だ。

ここで鉄といっているのはいわゆる鉄族元素のことであり、温度が50億度くらいの物質中で原子核統計平衡によりつくられるのであった。重力崩壊型超新星のほかに、それほどの高温になる天体現象があるのだろうか？　じつは太陽のような星、つまり太陽の8倍以下の質量の星が最後に残す白色矮星がその主役なのだ。以下に、Ia型超新星のシナリオの一つである質量降着説にそって話を進めよう。

太陽のような単独の星が生涯を終えた後に残される白色矮星は、ただひたすら冷えて暗くなっていくのみであった。ところが第3章で見たとおり、白色矮星が連星をなす場合は、新星爆発のように再び核融合を起こして輝くことがある。通常の新星爆発では、爆発が起きるたびに、その勢いで白色矮星の表面がわずかに削られていくと考えられている。しかしながら、隣の星が赤色巨星である場合や、星どうしの距離が極めて近い連星の場合は例外だ。隣の星からガスが白色矮星に降り積もるスピードが速く、十分に温度が上がらないまま弱い爆発を起こすか、爆発にいたらずに表面で定常的に水素核融合が起きる。このような場合は、白色矮星の表面が削られることはなく、むしろ核融合の灰であるヘリウムが残され白色矮星の質量は増加していくことになる。

理論的な計算によると、白色矮星は質量の増加とともに半径が減少し、チャンドラセカール限界質量（太陽の約1・4倍）に達すると半径が0になってしまうのであった。しかし現実には、白色矮星の半径が0になるまで質量が増加することはない。質量が太陽の1・4倍に近づくと、白色矮星の中心の密度は1立方センチメートルあたり1000トンに達し、電子だけでなく炭素や酸素の原子核も電気的な反発力に逆らって接近するようになるからだ。ついに原子核どうしも、満員電車の乗客のようにぎゅうぎゅうに押し込まれた状態になるのである。そもそも白色矮星は、ヘリウム核融合の灰である炭素と酸素のコアが核融合に必要な温度に達することなく冷えていったものだった。ところが、温度が低くてもまわりの電子に押されて原子核どうしが近づき、ついに二つの炭素原子核が核融合をはじめる。

ひとたび星の中心付近で核融合の火がつくと、炭素と酸素の核融合は暴走し、1秒もたたないうちに白色矮星の大部分が火の玉になってしまう。電子がぎゅうぎゅうに詰まった状態では、膨張して温度を下げることができないからだ。このとき温度は50億度にまで達するので、原子核統計平衡により、星の大部分はニッケル56やその他の鉄族元素になってしまう。この炭素・酸素から鉄族元素への核融合によって、白色矮星の質量は0・1パーセント程度減少し（図4・10参照）、失われた質量がアインシュタインの式にしたがってエネルギーに変換される。このエネルギーは、太陽が120億年の生涯をかけて放つエネルギーにも匹敵する膨大なものであるため、鉄の火の玉と化した白色矮星は爆発する。これがIa型超新星である（**核爆発型超新星**ともよばれる）。

重力崩壊型とIa型の超新星はそれぞれ重力エネルギーと核エネルギーという異なる原因により爆発するにもかかわらず、爆発エネルギーは同じくらいである。そしてどちらも同じくらいの明るさで輝く（典型的にはIa型のほうが若干明るい）。Ia型の爆発で飛び散る物質の大半は放射性同位体のニッケル56であるため、重力崩壊型の場合と同様に、その電子捕獲で放出されたガンマ線によって数百日にわたり輝くことになる。

私たちの身のまわりにある鉄の92パーセントは安定同位体の鉄56が占めるが、その半分くらいは、このときに光を放った放射性同位体のニッケル56が崩壊したものである。そのほかの鉄族元素についても、少なくとも半分程度はIa型超新星に起源をもつと考えられている（口絵３ａ）。

白色矮星の合体か？

Ia型という名称は超新星の観測的な分類によるもので、水素が検出されないタイプの超新星を意味する。Ia型は白色矮星の爆発なので、観測されるのは鉄族元素や燃え残りの炭素、酸素、そして不完全燃焼のケイ素などだ。Ia型超新星の発生する頻度は天の川銀河で数百年に1回程度と推定され、重力崩壊型に比べるとはるかに希少である。それにもかかわらず、１５７２年と１６０４年に相次いで出現し、ティコとその弟子のひとりであったケプラーにより詳細に観測された

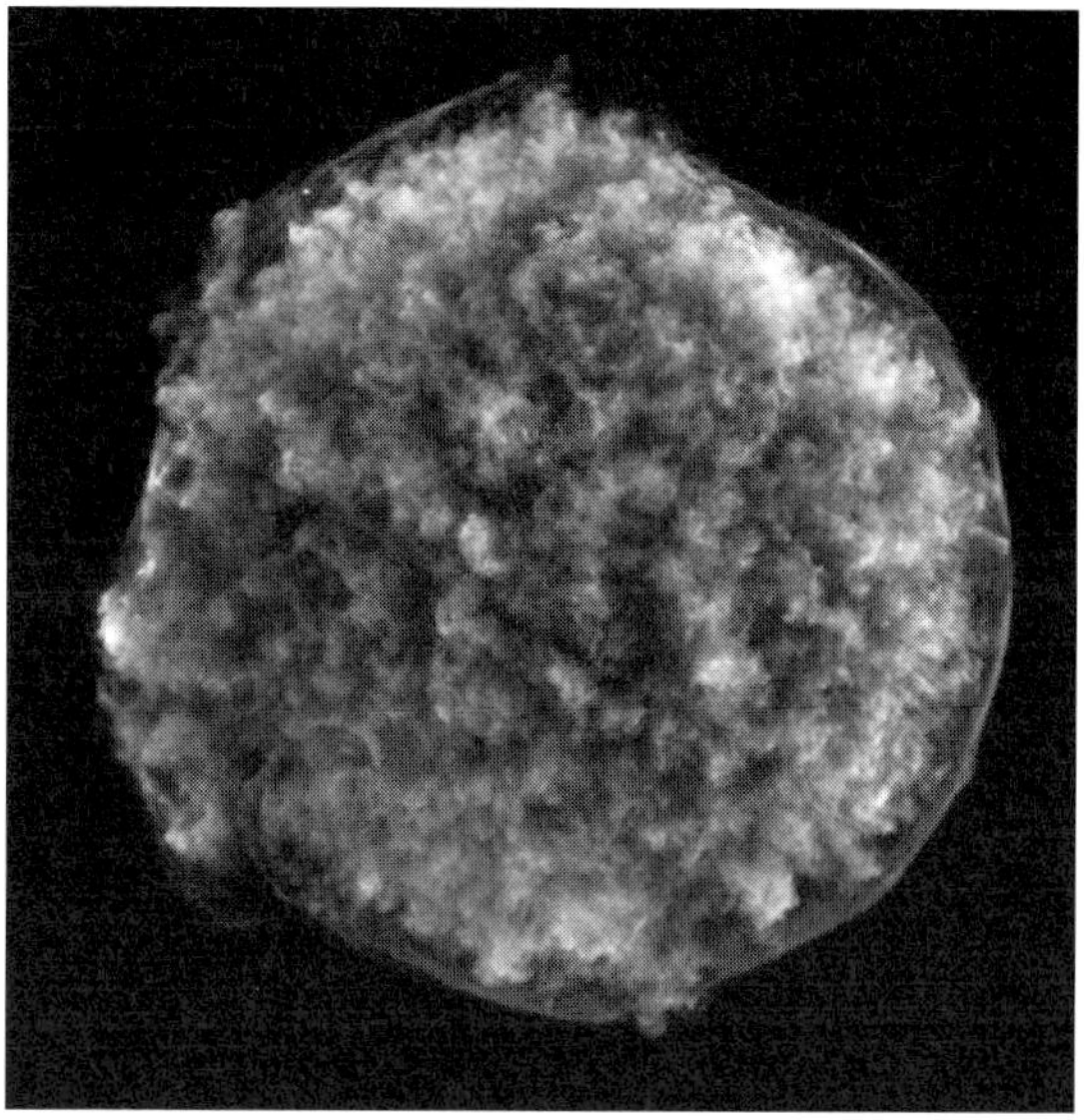

［図**4.11**］ **Ia型超新星（ティコの超新星）の残骸**
チャンドラX線天文衛星による画像。1572年にティコ・ブラーエらにより観測された。地球からの距離は約1万2000光年。
［NASA/CXC/Chinese Academy of Sciences/F. Lu et al.］

超新星がともにIa型であったのは興味深い（**図4・11**）。

Ia型超新星では白色矮星もろとも爆発で吹き飛んでしまうので、重力崩壊型の場合とは異なり、中心には何も残らない。したがって、比較的近くで起きた超新星であれば、その残骸の観測からどちらのタイプかを見分けるのは容易である。しかしながら、そこにあるべきものが見つからないことが、多くの天文学者を悩ませ続けている。ガスを供給していた隣の星はどこへ行ってしまったのだろうか？　その痕跡すら見つからないのである。

この問題を解決する説として、これまでの質量降着説に加えて最近脚光を浴びているのが白色矮星合体説である。

連星をなす二つの星の質量がともに太陽の8倍以下の場合、両方の星が一生を終えれば白色矮星どうしの連星になる。第7章で詳しく説明するが、白色矮星のような高密度の星どうしがお互いのまわりをくるくる回ると、重力波によって公転のエネルギーを放出しながら近づき、やがて合体する。この白色矮星の合体により物質の密度が上昇し、従来の質量降着説の場合と同様に、炭素・酸素核融合の暴走による爆発にいたると考えられている。

現在のところ、どちらの説が正しいのか、あるいは質量降着タイプと白色矮星合体タイプがそれぞれどれくらいの割合で起きているのかについては、まったくわかっていない。結局のところ、重力崩壊型もIa型もその爆発のメカニズムはまだ完全には解明されていないのだ。

宇宙は加速膨張している——Ia型超新星の置きみやげ

Ia型超新星の役割は、鉄族元素の主要な起源であることだけにとどまらない——私たちにとんでもない置きみやげを残していったのだ。第2章で説明した宇宙膨張に関して、Ia型超新星は驚くべき事実を教えてくれた。

Ia型超新星の爆発メカニズムは解明されていないものの、チャンドラセカール限界質量くらいの炭素や酸素が核融合して鉄族元素がつくられるときのエネルギーで輝くというのは間違いなさそうだ。それなら、Ia型超新星の明るさはほぼ一定と考えていいだろう（実際には多少のばらつきはあるのだが、観測的な経験則でそれを補正することができる）。この性質に頼れば、距離がわからないほど遠くの銀河に現れたIa型超新星の絶対的な明るさがわかるのだ（このような天体を標準光源というのだった）。そして光源の明るさは距離の2乗に反比例するので、観測されたIa型超新星の見かけの明るさからその銀河までの距離がわかる。

ハッブル-ルメートルの法則によれば、宇宙は膨張を続けているのであった（第2章参照）。ところで、その膨張はいつまで続くのだろうか？

たとえば、ボールを空に向かって力いっぱい投げるとしよう。ひとたび手を離れたボールは地球の重力により減速され、やがて向きを変えて地上に落ちてくるだろう。ものすごい強肩の超人がいたとして、その人がボールを秒速11キロメートル（地表からの脱出速度）かそれ以上の速さで空に向けて投げたとすると、ボールはもう地球に戻ってくることはない。とはいえ、地球の重力によってボールは減速される。

宇宙の膨張もこのようなものだと考えられていた。ボールを空に向けて投げたときのように、あるところまで膨張した宇宙はやがて収縮に転じて、再び一点につぶれてしまう――あるいは減速しつつ永遠に膨張を続けるのだ、と。いずれにしても、それは減速膨張する宇宙である。

話を簡単にするため、減速することなく、過去も現在も同じ割合で膨張する仮想的な宇宙（惰性膨張宇宙とよぼう）について考えてみよう（先のボールの例では、地球の重力を無視した場合に相当する）。そして、私たちから100億光年くらいの遠方（つまり、100億年前の宇宙）にある銀河を観測するとしよう。第2章で見たように、銀河が放つ光の赤方偏移から、その銀河の後退速度がわかるのであった。惰性膨張宇宙では、宇宙が膨張する割合が変わらないので、銀河の後退速度と（現在の宇宙の）ハッブル－ルメートルの法則（後退速度＝ハッブル定数×距離）から、その銀河までの距離がわかる。そして距離がわかれば、その銀河に現れるIa型超新星（標準光源）の見かけの明るさを予測できる。

1990年代後半からおこなわれた大規模探査により、私たちから100億光年くらいまでの銀河に現れたIa型超新星が次々に観測された。それは誰も予想しない驚くべき結果をもたらした――現実の超新星は惰性膨張宇宙モデルから予測されるよりも暗かったのである。Ia型超新星が予想より暗かったということは、惰性膨張宇宙モデルによる予測よりも、その超新星が現れた銀河が遠くにあったことを意味する。言い換えれば、赤方偏移から決められた（過去の宇宙の）銀河の後退速度は、（現在の宇宙の）ハッブル－ルメートルの法則から得られる値より小さいということになる。要するに、過去の宇宙は現在よりもゆっくりと膨張していた――宇宙は加速膨張している――と解釈できるのだ。

これはにわかには信じがたいことだ。空に向けて投げたボールのように、宇宙は自身の質量

（第6章に登場するダークマターもふくむ）に引かれて減速するはずではないのか？　もしボールが勝手にぐんぐんと加速しながら上昇するなら、なんらかの反発力がボールにはたらいているとしか考えられない。同様に、宇宙は何か私たちの知らないエネルギー（**ダークエネルギー**または**暗黒エネルギー**という）に満たされていて、それが生みだす反発力によって加速膨張しているということになる。そして、このダークエネルギーの正体については、いまのところほとんど手がかりがないのである。

何はともあれ、宇宙は永遠に膨張を続ける——再び一点につぶれて振り出しに戻ることはなさそうだ。

第5章

レアアース、金、プラチナができるまで

——新しい主役！　中性子星合体——

星の中の核融合では、鉄より重い元素がつくられることはなかった。重い元素どうしが核融合を起こすためには、電気的な反発力に打ち勝つくらい原子核が激しく動き回らなければならない——つまり高い温度が必要である。そして温度が高くなると、エネルギーの高い光によって重い原子核は光分解されてしまう。このような状況でつくられるのは一核子あたりの質量が小さい鉄族元素までであり、それより重い元素（**重元素**とよぶことにしよう）はつくられてもすぐに光分解されてしまう——安定の谷（図4・10）の底に転げ落ちてしまうのだ。

それでも、私たちの身のまわりには、金やプラチナなどの鉄よりずっと重い元素が確かに存在する。これらの元素はどうして安定の谷を上ることができたのだろう？

中性子核融合——安定の谷を駆け上がる

一つだけ方法がある。中性子を使うのだ。中性子は電気をもたないので、電気的な反発力とは無縁だ。つまり中性子と原子核の核融合（**中性子核融合**とよぶ）は低温でも起きる。たとえば、原子炉の中でウランの核分裂により飛び出す中性子は、室温であってもまわりの物質と核融合を起こすので、危険極まりない。人体に危害がおよばないように、原子炉は中性子を吸収するぶ厚い壁で覆われている。第4章で見たように、星の中では20億度を超えたあたりから光分解が起こるのだった。要するに20億度より温度が低く、同時に中性子が存在するような状況であれば、重元素の合成に都合がいい。

たとえば、鉄56と中性子が核融合して鉄57ができる場合を考えてみよう。一核子あたりの質量で比べると、鉄57は鉄56より0・3パーセント重い。しかしながら、鉄56原子核と中性子一個の質量の和に比べると、鉄57原子核の質量は1・4パーセントほど小さい。このように反応の前後で質量が減少している限りは、アインシュタインの式（図3・1）にしたがって核融合が起こりうる――その減少した質量を光のエネルギーや粒子の運動エネルギーに変換することができるからだ。そして温度が十分に低ければ、この鉄57は光分解されることはない。こうして安定の谷を上ることができるのである。

こう聞くといとも簡単なことのように思えてしまうが、これがなかなかむずかしい。中性子は約10分の半減期でベータ崩壊を起こして陽子になってしまうので、長い時間にわたってためておくことができない。解決策は次の二つしかなさそうだ。

一つは、なんらかの方法で中性子を定常的に生成することだ。中性子は次々と崩壊しつつも、つねに供給されるので、ある一定の割合で存在することになる。そして、元素は10分よりずっと長い時間をかけて中性子を吸収していけばいい。このようなゆっくりとした中性子核融合を、slowの頭文字をとって**sプロセス**という。sプロセスで元素が一つの中性子を吸収するのに費やす時間は、典型的には100～1000年程度である。ずいぶん長いように思えるが、それでも星の寿命に比べればずっと短いので、このようなプロセスが可能になる。

もう一つは、とにかく大量の中性子を用意してやることだ。そして10分よりずっと短いあいだに元素が次々と中性子を吸収すれば、いっきに重い元素をつくることができるだろう。このようなすみやかな中性子核融合を、ｒａｐｉｄの頭文字をとって**ｒプロセス**という。ｒプロセスで元素が一つの中性子を吸収するのに要する典型的な時間は、わずか１ミリ秒程度である。ｓプロセスやｒプロセスのように、中性子核融合でつくられる重元素を**中性子捕獲元素**とよぶ。

ｓプロセスは赤色巨星で起きている

１９５２年、とある赤色巨星の大気中に原子番号43のテクネチウムが発見された。じつはこれが、宇宙で起きている元素合成の現場を初めてとらえた大発見だった。第1章で触れたように、テクネチウムは地球上には存在しない放射性元素だ。最も寿命が長い同位体であるテクネチウム97の半減期は４２１万年である。星の寿命はそれよりずっと長いから、赤色巨星の大気中に発見されたテクネチウムは最初から星にふくまれていたものではない。星の中でできたばかりの元素が観測されているのである。ｓプロセスの理論的な枠組みができ上がったのは１９５０年代の終わりのことであるから、その頃にはｓプロセスが赤色巨星で起きていることを示す証拠がすでに得られていたことになる。

重元素の一つであるテクネチウムは、前節で述べたような原子核と中性子の核融合でつくられ

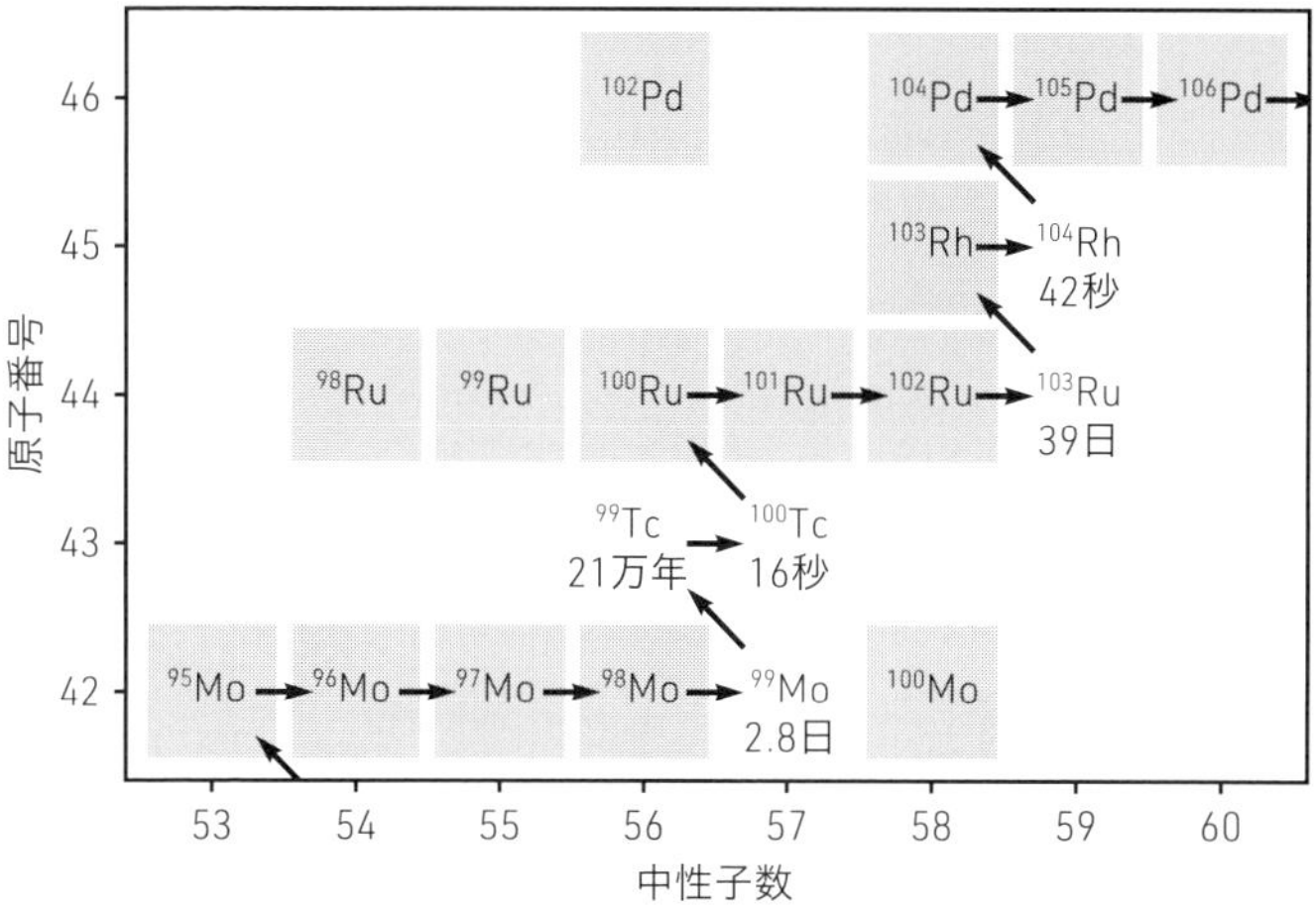

［図**5.1**］**sプロセスがテクネチウムを合成する核融合の経路**

グレーの四角は安定同位体、その他は放射性同位体（反応にかかわるもののみ）を表す。元素記号（口絵3参照）の左上添え字は質量数である。放射性同位体についてはベータ崩壊の半減期を記してある。右向きの矢印は中性子との核融合反応、左斜め上向きの矢印はベータ崩壊を示す。

たはずだ。**図5・1**のように、テクネチウムの同位体は、原子番号42のモリブデンと原子番号44のルテニウムという2種類の元素の安定同位体に挟まれている。たとえばモリブデンの安定同位体が次々に中性子を吸収していくと、質量数が増加していき、放射性同位体のモリブデン99に到達する。その半減期は2・8日と短いので、次の中性子を吸収するより先にベータ崩壊を起こしてテクネチウム99になる。テクネチウム99の半減期は21万年程度と比較的長いので、中性子を吸収してテクネチウム100がつくられる。テクネチウム100の半減期は16秒と非常に短く、ただちにベータ崩壊を起こしてルテニウム100になる。ルテニウム100

は安定同位体なので、やがて中性子を吸収してルテニウム101がつくられ、……このように元素合成は進行する。そしてその経路上にある同位体が星の内部に分布することになる。赤色巨星の大気中に観測されたテクネチウムは、半減期の比較的長い放射性同位体のテクネチウム99だったと考えられる。

このように、長い時間をかけて中性子を吸収して質量数を増やし、放射性同位体に到達すると、ただちにベータ崩壊を起こして原子番号を増やす、という反応の連鎖がsプロセスである。s（slow）とは、その放射性同位体（たとえばモリブデン99）のベータ崩壊（半減期2・8日）に比べて、中性子の吸収に要する時間（100～1000年）がずっと長いという意味である。

sプロセスの出発点は鉄56だ。太陽系の元素組成のグラフ（図4・2）からもわかるように、星は生まれた時点ですでに鉄56を比較的豊富にふくんでいるからだ。このように、元素合成の出発点となる同位体のことを**種核**という。種核である鉄56が中性子を吸収して放射性同位体の鉄59に到達すると、ベータ崩壊を起こして安定同位体のコバルト59になる。その後も中性子の吸収とベータ崩壊が繰り返されて、テクネチウムなどのより原子番号と質量数の大きい元素がつくられていく。放射性同位体は（一部の例外を除き）中性子を吸収するより先にベータ崩壊を起こすので、sプロセスは安定同位体を経由しながら進むことになる。

sプロセスの中性子源——炭素13とネオン22

sプロセスには安定的な中性子の供給が必要であった。その中性子はどこからくるのだろうか？　現在受け入れられているシナリオは以下のとおりだ。

太陽質量の8倍以下の星がその一生を終える直前の姿を思い浮かべよう。中心の炭素・酸素コアはヘリウム層で、そしてヘリウム層は水素層で覆われている。水素層の底からヘリウム層に水素（陽子）が混ざり込むことで、一連の核融合がはじまる。ヘリウム層にはトリプルアルファでつくられた炭素12が存在している。その炭素12と陽子が核融合を起こすと、窒素13がつくられる。窒素13は放射性同位体であり、半減期約10分で陽電子崩壊を起こして炭素13になる。この炭素13がsプロセスの中性子源である。ヘリウム層で炭素13とヘリウム4の核融合から酸素16がつくられ、同時に中性子が一つ放出される。この反応によって定常的に中性子が供給されるので、sプロセスが可能になるというわけだ。

第3章の「太陽の最期」の節で見たように、赤色巨星では、コアの周囲でヘリウム核融合が暴走する熱パルスが起きる。その熱による対流でヘリウム層はよくかき混ぜられ、さらにsプロセスでつくられた元素の一部と炭素は水素層にくみ上げられて表面に到達する。赤色巨星の大気中にテクネチウムが観測されたのは、そのためだと考えられる。このような晩年を迎えた赤色巨星の表面には、通常の星に比べて炭素が豊富に観測されるので、**炭素星**とよばれる。炭素星の多くにｓプロセスでつくられる元素が見つかっていることから、このシナリオはほぼ正しいと言っていいだろう。

熱パルスが一段落すると、再び水素層の底からヘリウム層に水素が混ざり込む。そして一連の核融合により中性子が供給され、ｓプロセスは継続する。こうして数十～数百回ほど熱パルスを繰り返した後に、星は惑星状星雲となって一生を終える。太陽の晩年でもｓプロセスは起きると考えられるが、計算によると、ｓプロセスが最も効率よく起きるのは太陽質量の1・5～3倍程度の星であるとされている。

太陽質量の8倍以上の星でも、ヘリウム核融合や炭素核融合の際に**弱いｓプロセス**が起きると考えられている。このときの中性子の供給源はネオン22とヘリウム4の核融合であり、マグネシウム25がつくられると同時に、中性子が一つ放出される。弱いｓプロセスでつくられるのは原子番号40（ジルコニウム）くらいまでの重元素である。

ｓプロセスがつくる元素

こうして、鉄56からはじまったｓプロセスはより原子番号が大きく、より質量数が大きい元素を合成していく。安定の谷（図4・10）を質量数が大きい側へゆっくりと上っていくのだ。その

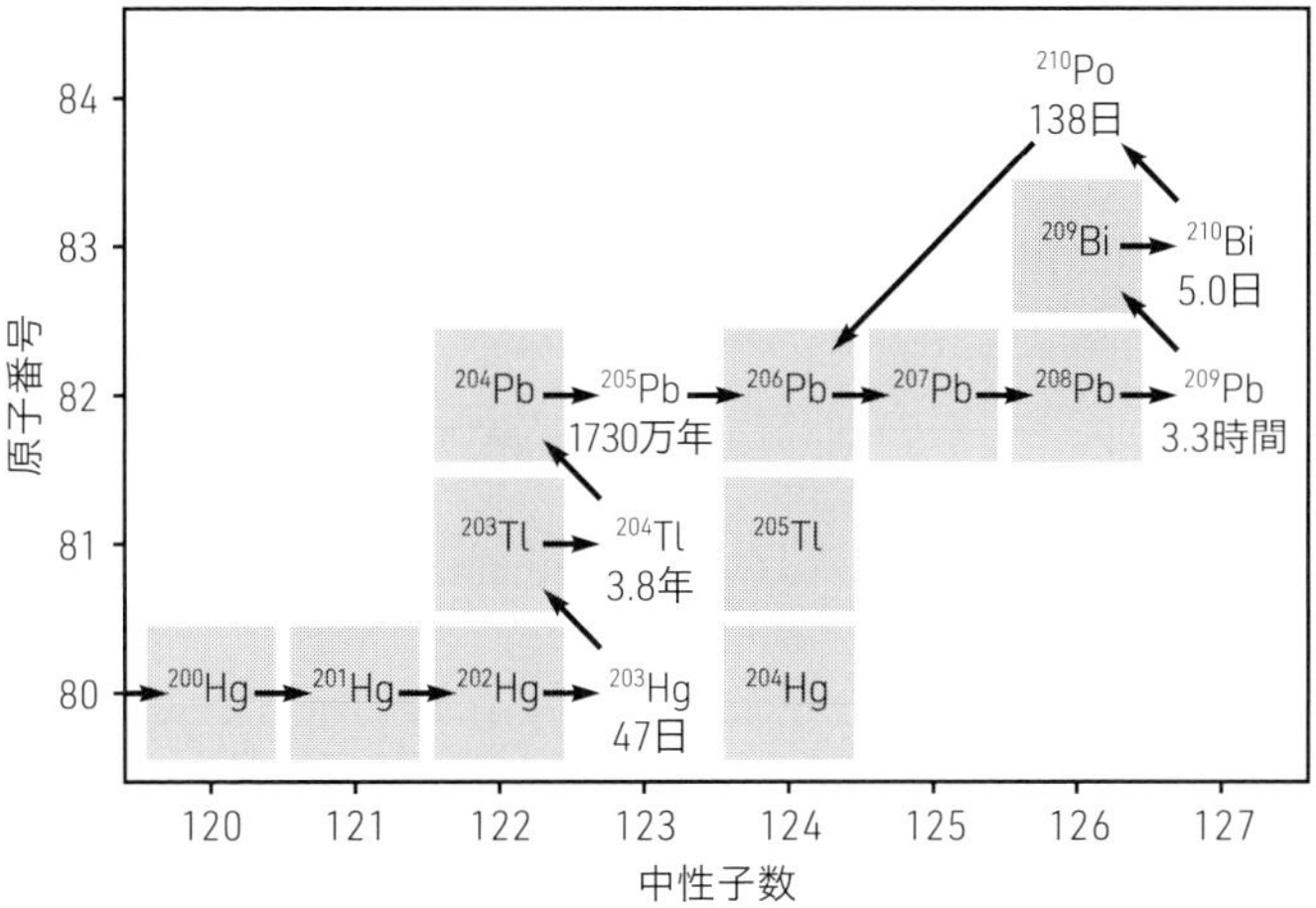

［図**5.2**］ **sプロセスの終着点付近の核融合経路**
グレーの四角は安定同位体、その他は放射性同位体（反応にかかわるもののみ）を表す。放射性同位体についてはベータ崩壊（ポロニウム210についてはアルファ崩壊）の半減期を記してある。右向きの矢印は中性子との核融合反応、左斜め上向きの矢印はベータ崩壊、左斜め下向きの矢印はアルファ崩壊を示す。

終着点はどこだろう?

sプロセスは安定同位体を経由して進むので、到達できるのは質量数が最大の安定同位体、原子番号83のビスマス209までである（**図5・2**）。ビスマス209が中性子を吸収してできるビスマス210は、5日の半減期でベータ崩壊を起こして原子番号84のポロニウム210になる。そしてポロニウム210は138日の半減期でアルファ崩壊を起こす。地球内部の熱源となっているトリウムやウランの場合と同じように、アルファ崩壊とはヘリウム4を放出して安定化する現象である。ヘリウム4を放出すると、原子番号と中性子数がともに2ずつ減少するので、ポロニウム210は原子番号82の鉛2

06になる。この鉛206からsプロセスが再開され、ポロニウム210に達すると再びアルファ崩壊して鉛206に戻る。ひとたびこのループに陥ると、そこから抜け出すことはできない。こうして数十万～数百万年にもおよぶsプロセスの長い旅は終わりを告げる。

sプロセスの終着点はビスマス209なので、安定の谷（図4・10）の右端に位置する放射性同位体トリウム232やウラン235、238にたどり着くことができない。安定同位体についても、sプロセスがつくることができるのは、太陽系に存在する重元素の総量の半分程度にすぎない。原子核に**マジックナンバー**（**魔法数**ともいう）が存在することがその理由の一つだ。

マジックナンバーについて直感的に理解するために、**図5・3**のようなパズルを考えてみよう。ある決まった数まではピースをはめ込むことができるが、その数に到達してしまうと、もうそれ以上ピースを詰めることはできない。sプロセスではパズルの枠が原子核、ピースが中性子に相当する。原子核は、ある決まった数までの中性子であれば楽に吸収できるが、それ以上吸収するにはより大きなサイズの枠を用意しなければならない。このような、原子核に特有の数をマジックナンバーという。

原子核のマジックナンバーは2、8、20、28、50、82、126であることが知られている。中性子数がマジックナンバーに等しい原子核は、それ以上中性子を吸収しにくいので安定性が高い。マジックナンバーは陽子数についても同様である。ヘリウム4、酸素16、カルシウム40、ニッケル56は陽子数と中性子数がともにマジックナンバーであるため、極めて安定性が高い（図4・4、

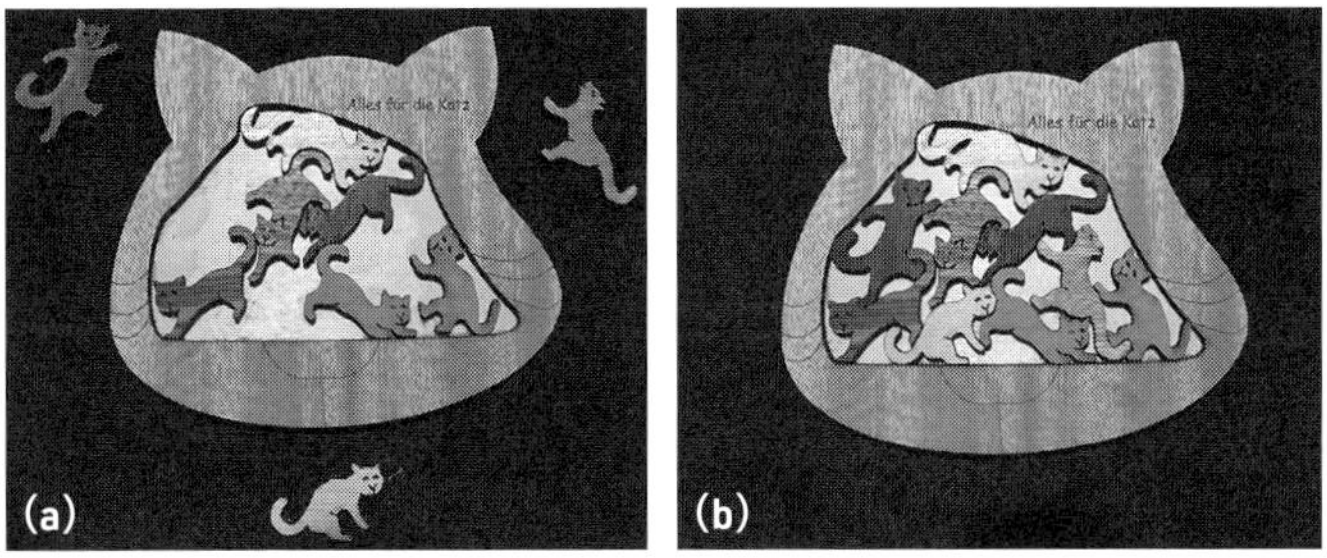

［図**5.3**］**中性子のマジックナンバー（魔法数）のたとえ**
パズルの枠が原子核、パズルのピースが中性子に相当する。(a) 中性子数がマジックナンバーより少ないとき、原子核は容易に中性子を吸収できる。(b) 中性子数がマジックナンバーに達すると、原子核は安定化し、中性子を吸収しにくくなる。

4・10)。これらの同位体の存在量（ニッケル56については崩壊後の鉄56）が太陽系の元素組成（図4・2）中で際立って多いのは、そのためである。

sプロセスの場合は、元素合成の流れが中性子のマジックナンバー50、82、126に達するとそこでしばらく停滞するので、対応する同位体の存在量が多くなる。**図5・4**に、計算による太陽系重元素組成のsプロセス成分を示した。中性子数がそれぞれマジックナンバー50、82、126に等しいストロンチウム88、バリウム138、鉛208の存在量が際立って多いことがわかる。とりわけ鉛208は、陽子数もマジックナンバー（82）に等しいので非常に安定性が高く、存在量も多い。

rプロセスがつくる元素

sプロセスでつくられるのは重元素の総量の半分程度なので、何か別のプロセスが必要だ。それがrプロセス

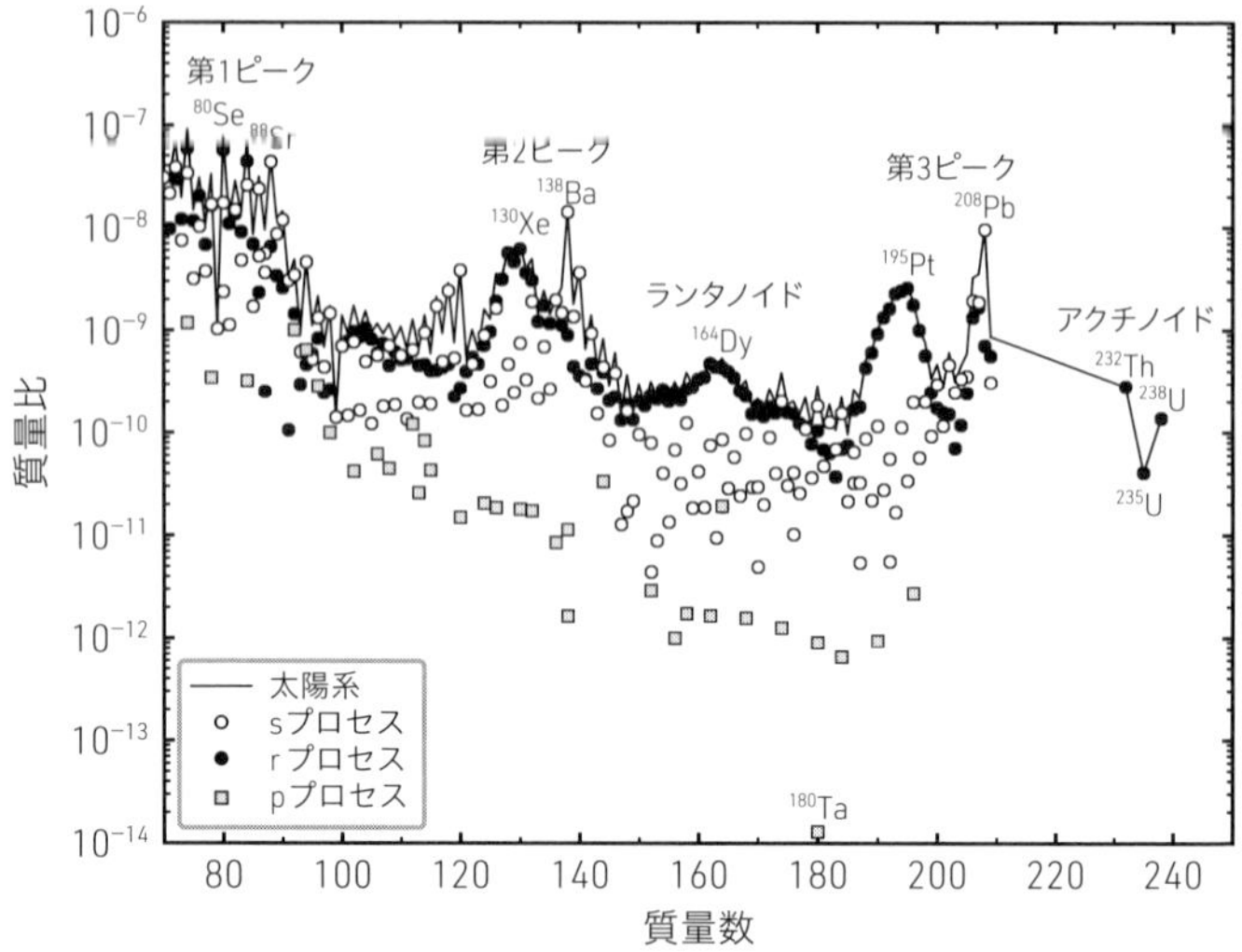

［図5.4］ **太陽系の重元素組成とそのs、r、pプロセス成分**

質量数75以上の重元素について、それぞれの質量比（すべての元素の質量の和を1としたときの比）が表されている。

である。r（rapid）とは、同位体がベータ崩壊を起こすより速く中性子を吸収するという意味だ。それを手がかりに、rプロセスでつくられるべき元素について考えてみよう。

　話を簡単にするために、すべての重元素からsプロセス成分を取り去ってやったものをrプロセスの組成とみなすことにする。太陽系の重元素についてこのようにして得られたのが、図5・4のrプロセス組成である。こうして定義したrプロセス組成には、sプロセスではつくられないレアアース、金やプラチナ、トリウムやウランなどがふくまれている。sプロセスとｒプロセスそれぞれでつくられる元素の割合は、口絵３ｂに示されているとおりだ。おもにｓプロセスに起源をもつ元素——バリウムや鉛など——は**ｓプロセス元素**とよび、金やウランなどおもにｒプロセスに起源をもつ元素を**ｒプロセス元素**という。こうしてみると、私たちにとって重要なレアアースの多く（周期表の下から2段目のランタノイド）や貴金属（周期表の中央付近）のほとんどは、ｒプロセスによってつくられたと推測できる。

さらに言えば、地球に存在するヘリウムもそうだ。宇宙に存在するヘリウムのほとんどはビッグバンでつくられたのであった。ところが、地球に天然ガスとして存在するヘリウムはトリウムやウランのアルファ崩壊で生じた（第1章参照）——もともとはｒプロセスでつくられたものである。

図５・４を眺めれば、ｒプロセスがどのような元素合成プロセスなのか推測することができる。ヒントは存在量のピークの位置だ。ｓプロセスの場合に比べると、三つのピークの位置が少し左に、すなわち質量数が小さい側にずれているのがわかる。これは次のように解釈できる。

ｒプロセスは、安定同位体よりはるかに中性子数の多い放射性同位体を経由して進行する（**口絵2**、**図5・5**）。同位体がベータ崩壊を起こすより速く中性子を吸収するからだ。元素合成の流れは中性子のマジックナンバー50、82、１２６のところで停滞するので、対応する同位体の存在量が多くなる。その流れが停滞する位置をｓプロセスの場合と比べると、原子番号と質量数が少し小さいところにずれている。

また、rプロセスは放射性同位体を経由して進むので、ビスマス、トリウム、ウランなどを楽々と超えて質量数280くらいにまで達する。こうしてつくられた元素はすべて放射性同位体なので、中性子が食い尽くされてrプロセスが終了すると、ベータ崩壊を起こしはじめる（**図5・5**で左斜め上の方向へ進む）。そして数日後には、大部分の元素は安定同位体に落ち着くことになる。ベータ崩壊で電子が放出されても質量数は変化しないので、存在量ピークに対応する質量数はsプロセスに比べると少し小さい側にずれたままである。安定の谷（図4・9）の右端にあるトリウムやウランの同位体もこうしてつくられる。

このように、rプロセスは安定同位体よりはるかに中性子過剰な領域を経由して進行する元素合成なのである。rプロセスの存在量ピークの位置にあるのはセレン80、キセノン130、プラチナ195だ。そしてこの第三のピークの山には、プラチナと金のすべての安定同位体がふくまれている――まさに宝の山なのだ。

何はともあれ、rプロセスでは短時間に大量の中性子を吸収する必要がある。rプロセスにかかわる放射性同位体の1秒にも満たないベータ崩壊の半減期より短時間で、中性子を次々に吸収しなくてはならない。rプロセスとはその名のとおり、原子核が1秒より短いあいだに猛烈な勢いで中性子を吸収していく元素合成なのだ。星の中の元素合成やsプロセスが、私たちの寿命よりはるかに長い時間を要するのとは対照的である。

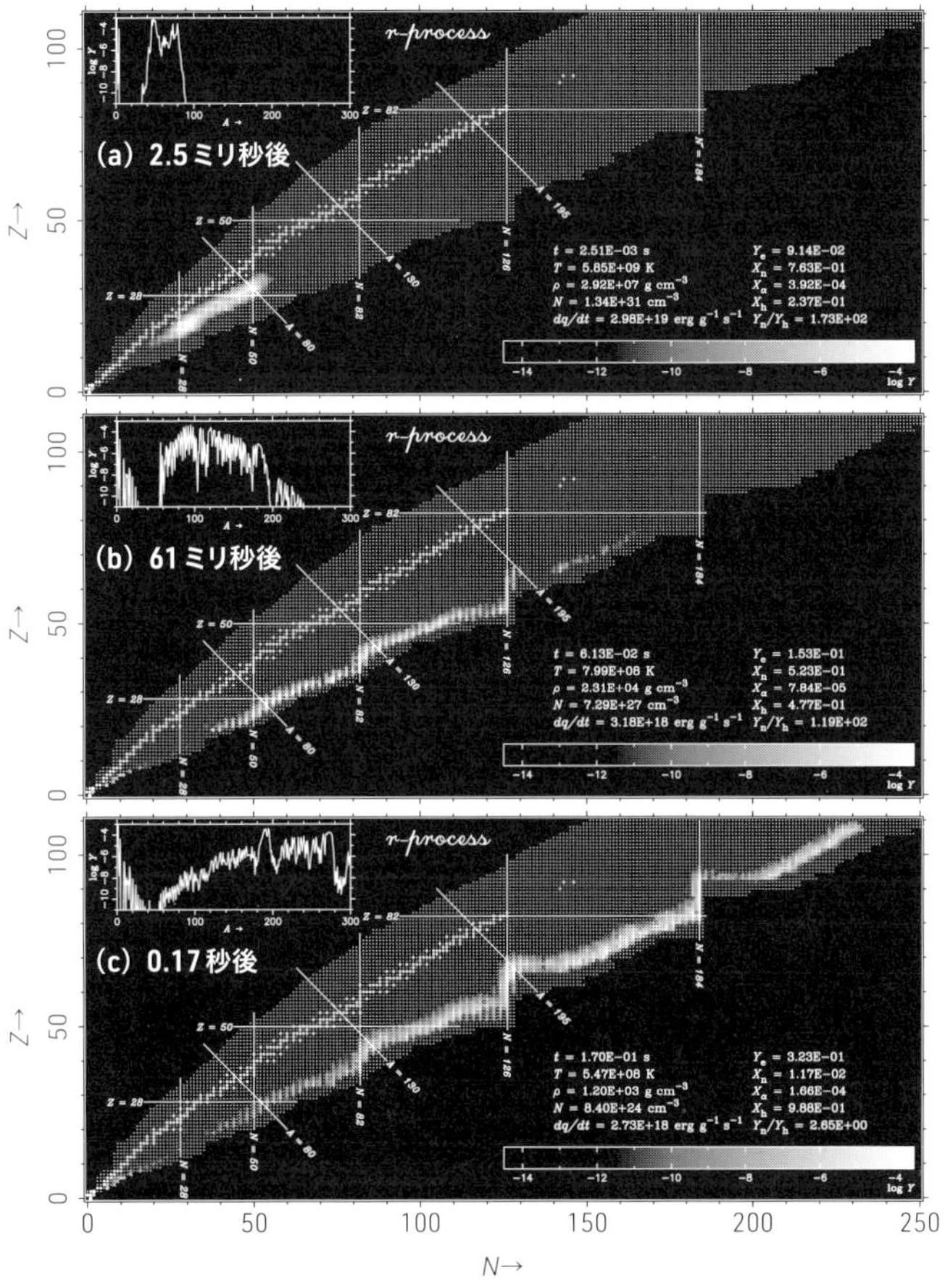

[図5.5] **rプロセスの数値計算例**

横軸は中性子数、縦軸は原子番号（陽子数）を表す。元素合成がはじまってから（a）2.5ミリ秒後、（b）61ミリ秒後、（c）0.17秒後の同位体分布がグレースケールで示されている。左上の窓には同位体の存在量が質量数の関数で表されている。濃い白点は安定同位体と長寿命放射性同位体（ウランとトリウム）、薄い白点は短寿命放射性同位体。縦線は中性子のマジックナンバー、横線は陽子のマジックナンバー、斜めの線はrプロセスの存在量ピークに対応する質量数を示している。

pプロセス――中性子核融合ではつくられないひねくれ者たち

鉄より重い元素は中性子核融合でつくられるのだが、そのプロセスではできないひねくれ者の同位体が存在する。もう一度、図5・1を見てみよう。安定同位体（グレーの四角）の中で、モリブデン100、ルテニウム98、99、パラジウム102はsプロセスの経路から外れている。これらの同位体はどうやってつくられたのだろうか。

rプロセスでは、中性子過剰領域を通過した後にベータ崩壊で安定同位体に向かうので、モリブデン100は問題なくつくられるだろう。ルテニウム99は、sプロセスの経路にあるテクネチウム99のベータ崩壊でつくられる。しかし、中性子の少ない同位体ルテニウム98とパラジウム102は、sプロセスとrプロセスのいずれでもつくることができない。中性子過剰領域からのベータ崩壊の経路（図5・1の左斜め上方向）が安定同位体によってブロックされているからだ。このように、中性子核融合ではつくることができない陽子過剰領域に安定同位体が35個存在し（図5・4）、それらを**p核**という（pは陽子を意味する）。そしてp核をつくる元素合成プロセスを**pプロセス**という。

pプロセスとは具体的にどのようなプロセスなのか？　いくつかの可能性が提唱されているが、最も有力と考えられているのは次の**ガンマプロセス**とよばれるものだ。

重力崩壊型超新星爆発の際に、衝撃波が酸素・ネオン層を通過すると温度が20億度くらいに上昇する。これはちょうど光分解が重要になる温度である。エネルギーの高いガンマ線によってすでに存在していた重元素が光分解して中性子がたたき出されると、中性子の少ない——陽子の多い——同位体になる。ケイ素燃焼の光分解ではヘリウム4がたたき出されたが、カルシウムより重い安定同位体は中性子の割合が多くなるので（図4・3）、中性子が放出されやすくなる。このようにして大半のp核がつくられると考えられている。これがガンマプロセスである。

図5・4に見られるように、p核の存在量はほかの同位体の1パーセントにも満たないくらいだ。たとえば、p核のタンタル180は太陽系で最も希少な同位体であり、その存在量はタンタル同位体全体のわずか0・012パーセントにしかならない。しかしながら、p核であるモリブデン92、94の存在量はモリブデン全体の24パーセントを占め、ルテニウム96、98はルテニウム全体の7・4パーセントを占める。このように、もはや希少とは言えないp核の存在量は、ガンマプロセスだけでは説明できない。元素の起源にまつわる未解決問題の一つである。

中性子星——半径10キロメートルの巨大な原子核

太陽系の重元素組成の特徴を説明するために、sプロセスとrプロセスの二つの中性子核融合プロセスが、そして陽子過剰な安定同位体をつくるpプロセスが存在するというアイデアが、1

950年代の終わり頃には提唱されていた。それから60年以上が経過したいまもなお、rプロセスがどのような天体現象で起きているかについては明確な答えが得られていない。

rプロセスには大量の中性子が必要なので、必然的に中性子星に関連する天体現象がその候補として挙げられてきた。一つは第4章で登場した重力崩壊型超新星、もう一つはこの後に登場する中性子星合体である。ここでは、中性子星についてもう少し詳しく見ておこう。

中性子星とは、太陽質量の8倍以上の星が重力崩壊型超新星として生涯を終えるときに中心に残される、大部分が中性子でできた小さな星であった（第4章参照）。その質量の90パーセント以上は中性子からなり、残りは陽子である。これら膨大な数の核子がぎゅうぎゅうに詰まって、それ以上縮めない状態になっている。白色矮星がパウリの原理による電子の圧力で支えられているのと同様の理由であるが、中性子星の場合は核子（またはその構成要素であるクォーク）の圧力に加えて、いまだによくわかっていない核力の性質が影響していると考えられる。

中性子星は星とはいうものの、質量にはあまりよらずに、半径は10キロメートルくらいしかない。同じ半径の円で考えると、その面は東京都にすっぽり収まってしまうくらいのサイズだ。質量は太陽の1・2〜2倍程度であり、それがこれほど小さいサイズに詰め込まれているので、密度は1立方センチメートルあたり10億トンにも達する。これはまさに原子核の密度に匹敵するので、中性子星は巨大な原子核のようなものだ。それがいかに極限的な状態であるかを実感するために、角砂糖一個くらいのサイズの重さで考えてみよう。第3章で見たように、白色矮星では車一台分くらいの重さだったが、中性子星ではなんと東京スカイツリー2万本分の重さに相当する。

　１９３２年に中性子が発見されてからほどなく、重い星の一生の最期に、中性子の塊である中性子星が残される可能性がすでに指摘されていた。しかしながら、そのような奇妙な天体が実際に存在すると信じられていたわけではなく、どちらかといえば理論上の産物としてとらえられていた。それから30年余りの後、１９６７年にジョスリン・ベルによって**パルサー**が発見されると、中性子星が現実に存在する天体であると認められた。

　パルサーとは、規則正しく一定の時間間隔で電波の信号（パルス）を発する、強い磁気を帯びた天体である。その回転に伴って、星の磁極が私たち（地球）のほうを向いたときにパルスが観測される。電気を帯びた粒子は磁極に沿って進む性質があるからだ。

　ベルが観測したパルスの間隔は１・３秒だったので、その天体は超高速回転していることになる。地球は１日に１回、太陽は25日で１回自転しているが、もしパルサーのような高速回転をしたら地球も太陽も遠心力でばらばらになってしまう。そうならないためには、パルサーは中性子星のように非常に小さな天体でなければならない。

　藤原定家の『明月記』にも記録が残されている、１０５４年に起きた超新星爆発の残骸であるかに星雲——もしそこにパルサーが発見されれば、それが中性子星であることは間違いないと言えるだろう。そしてベルによる最初のパルサーの発見からわずか一年後、かに星雲の中に０・０３３秒の周期で正確に電波を発するパルサー、つまり中性子星が観測された（**図5・6**）。この

［図**5.6**］ **かに星雲のX線、可視光、赤外線による合成画像**
1054年に爆発した重力崩壊型超新星の残骸。ガスは秒速約1000 kmで膨張を続け、差し渡し10光年程度に広がっている。中心部にはパルサー（中性子星）とそれを取り巻く高温のガスが存在する。
［NASA, ESA, NRAO/AUI/NSF and G. Dubner (University of Buenos Aires)］

中性子星（かにパルサーとも言う）は、1秒に30回という驚くべきスピードで回転している。

中性子星は重力崩壊の産物であるから、このような高速回転の原因は**角運動量保存則**で説明できると考えられる。角運動量とは回転軸からの距離と**運動量**（質量と速さの積）の積のことであり、これがつねに一定に保たれるというのが角運動量保存則だ。ここでは、回転軸からの距離と回転の速さの積が一定になると考えておけばいいだろう。たとえば、氷上でくるくると回転するフィギュアスケーターを注意して観察すれば、回転に入るときに伸ばした腕（または脚）をいっきに縮めているのがわかる。角運動量保存則を応用して、回転軸から腕（または脚）先までの距離を縮めることで回転速度を上げているのだ。中性子星の場合も、重力崩壊前は半径１０００キロメートルほどあったコアがいっきに半径10キロメートルまで縮むために、回転が増幅される（じつは、かにパルサーほどの高速回転を説明するのは、それでもむずかしい）。

その後もパルサーの発見は相次ぎ、現在では天の川銀河の中に２５００個以上も見つかっている。もはや中性子星は理論上の産物ではない。中性子星は宇宙ではありふれた存在なのである。

超新星のニュートリノ風——答えは風に舞っているのだろうか？

話を戻そう。ｒプロセスには大量の中性子が必要である。そして中性子星は文字どおり膨大な数の中性子の塊だ。そこから少し中性子を取り出すことができれば、ｒプロセスが起こりそうだ。

重力崩壊型超新星であれば、その爆発の勢いで中性子星の表面から中性子が飛び出すのではないだろうか。１９５０年代の終わりに、ｒプロセスのメカニズムが最初に提唱されたのと同時に考えられた候補の一つが、まさにこの重力崩壊型超新星であった。それから２０１０年くらいまでの約半世紀にわたり、多少の紆余曲折はあったものの、一貫してこの（重力崩壊型）超新星説が支持され続けてきた。

1990年代に一世を風靡することになったのが、重力崩壊型超新星に伴う**ニュートリノ風**のシナリオだ。第4章で見たように、鉄コアが中性子星に重力崩壊するときに生じるニュートリノが周囲の物質に吸収され、爆発の原動力となるのだった。このとき、中性子星の表面にある中性子も、内部から噴き出してくるニュートリノ——ニュートリノ風——に乗って飛ばされていく。ニュートリノ風の中には大量の中性子がふくまれていそうだから、rプロセスも起きるだろうという筋書きである。

時はまさに、超新星1987Aの出現に伴ってスーパーコンピューターを用いた超新星爆発の数値シミュレーションが本格化したころである。まだ1次元シミュレーションの時代であり、ほとんどの試みは失敗に終わっていたが、爆発の再現に成功した例が一つだけあった。そしてそのシミュレーション（太陽質量の20倍の星の重力崩壊）では、まさに中性子星の表面からニュートリノ風に乗って大量の中性子が放出され、rプロセスが起きていたのだ。さらに、その計算は太陽系のrプロセス元素組成を見事に再現したのである。その結果は当時の研究者たちを虜にしてしまった。

ニュートリノ風シナリオの終焉——答えは風の中にはなかった

第4章に見たように、太陽質量の8〜10倍の比較的軽い星の場合を除いて、1次元シミュレーションで超新星爆発は再現できない。ニュートリノ風シナリオの火つけ役となったその数値シミュレーションも、いまでは計算に誤りがあったと考えられている。間違った理由で星は爆発し、間違った理由でrプロセスが起きていたのだ。

そもそもよく考えてみれば、ニュートリノ風でrプロセスが起きないことは予想できたはずだ。鉄コアの主成分はニッケル56（同数の陽子と中性子をふくむ）であるにもかかわらず、なぜ陽子がほとんど存在しない中性子星が生まれたのだったか？　電子捕獲によって陽子が中性子に変換されたからだ。そして電子が捕獲されると、それに伴ってニュートリノが放出される（陽子＋電子→中性子＋ニュートリノ）。ニュートリノ風ではこの逆のプロセスをたどることになる。中性子がニュートリノを吸収すると、電子を放出して陽子になる——要するに、もとの状態に戻るということにほかならない。こうして、ニュートリノ風に乗って飛ばされていく中性子の大半は陽子に変わってしまうのだ。

2000年代半ばになって、ニュートリノの反応をできる限り正確に取り入れた重力崩壊シミュレーションがおこなわれるようになった。その結果、ニュートリノ風には中性子と陽子が同じくらい、あるいは陽子のほうが多くふくまれることが明らかになってきた。その原因は、陽子のほうが中性子よりわずかに質量が小さいことにある。核融合と同様に、ニュートリノが絡む場合も原子核（この場合は核子）の質量を減らす反応が好まれるのだ。ニュートリノ風に舞う中性子はあまりに少なすぎた——答えは風の中になかったのである。もし中性子捕獲が起きたとしてもそれは**弱いrプロセス**で、つくられるのはせいぜい原子番号50くらいまで（パラジウムや銀など）だろう——レアアースや金がつくられることはない。

こうしてニュートリノ風シナリオのブームは終焉を迎えることになった。ただし、陽子過剰なニュートリノ風における元素合成——**νpプロセス**という（νはギリシャ文字のニュー。ニュートリノを意味する）——は前述のモリブデン92、94やルテニウム96、98などのp核の起源になりうるとして、再び注目されている。

連星中性子星はいかにして生まれたのか？

超新星説に代わり、いま最も注目を集めているのが**連星中性子星**の合体説である。二つの中性子星からなる連星が合体したときに飛び出してくる物質の中で、rプロセスが起きるというシナリオだ。そんなことが現実に起こりうるのだろうか？　まずは、連星中性子星がいかにして誕生するのか見てみよう。

白色矮星の場合と同じように、単独の星の超新星爆発の場合は、残された中性子星が再び輝きを取り戻すことはない。しばらくのあいだはパルサーとして活動するものの、回転速度は少しずつ遅くなり、磁気も徐々に弱くなり、数百万年後には電波を発することはなくなる。

ところが、連星として生まれた星から中性子星が誕生した場合は、その限りではない。中性子星の重力で隣の星から引き込まれたガスが、星の回転軸に垂直な降着円盤をつくり、そのガスの摩擦熱により生じたX線が回転軸方向に放射される。これは**X線連星**として観測されている。

また白色矮星の場合の新星爆発と同じように、隣の星から中性子星の表面に降り積もった水素とヘリウムのガスが核融合の暴走を起こす、**X線バースト**も観測されている。新星爆発と同様にこれは中性子星表面での爆発であり、中性子星は無傷ですむので、数時間程度の間隔でバーストを繰り返す。核融合のエネルギーはX線として放射されるが、核融合でつくられた元素は中性子星の強い重力のために出てくることはない。

連星をなす星の二つがともに太陽の8倍以上の質量をもつ場合は、双方が超新星爆発を起こした後に連星中性子星になることがある。とはいえ、連星中性子星が生まれる確率は低い。なぜなら、超新星爆発によって連星がばらばらになってしまう可能性のほうがずっと高いからだ。爆発の際に大量の物質が連星系から放出されると、残された中性子星の重力だけでは隣の星を繋ぎとめておくことがむずかしくなる。また第4章の「コンピューターで超新星爆発を再現する」の節で述べたように、爆発のときの対流により周囲の物質が激しく揺さぶられ、その反作用で中性子

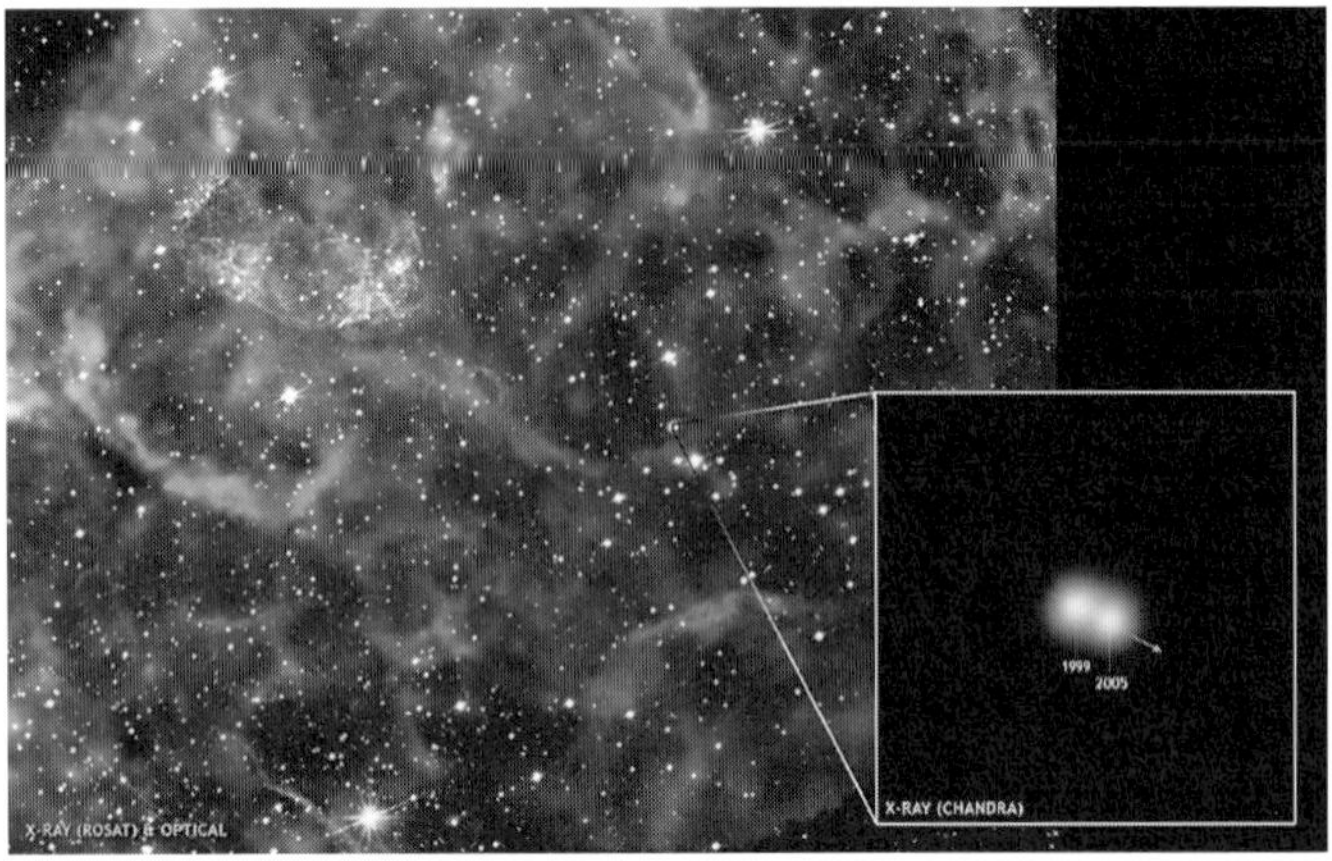

［図**5.7**］ **超新星残骸の中を高速移動する中性子星**
3700年前に爆発した重力崩壊型超新星の残骸に見つかった中性子星。右の拡大画像は、1999年12月と2005年4月にX線で撮影された中性子星の合成。秒速約1000 kmで移動している。
［右：NASA/CXC/Middlebury College/F.Winkler、左：NASA/GSFC/S.Snowden et al.およびNOAO/CTIO/Middlebury College/F.Winkler et al.］

星が連星系から弾き出されてしまう可能性が高い。こうして、ほとんどの場合、中性子星は秒速数百キロメートルという猛スピードで連星から飛び出してしまう（**中性子星キック**という。**図5・7**）。この試練を2回の超新星爆発について乗り越えなければ、連星中性子星が生まれることはない。

どのようにこの試練をくぐり抜けて連星中性子星ができるのかについては、まだよくわかっていない。一つの可能性は、爆発前に中心のコアとその周辺の物質の一部を残して、周囲のガスがすでに放出されてしまっているケースである。このときは、爆発によって急激に星の質量が減ることは避けられる。また、太陽質量の10倍程度の星の場合は、対流が十分に発達する前に爆発する可能性が高いことが、数値シミュレーションで示されている。この場合も中性子星キックの影響は小さいと考えられる。

連星中性子星の発見——100分の1の奇跡

最初に連星中性子星が発見されたのは1974年のことである。理論的にその存在を説明するのは容易ではないものの、宇宙に連星中性子星が存在していることは、この観測で確実になった。その後も発見は続いたものの、現在でもその観測例はわずか20ほどにすぎない。パルサーの観測により発見された中性子星は天の川銀河の中に2500個くらいあるから、大ざっぱに見積もれば、その1パーセントほどが連星中性子星になっていると考えられる。すなわち連星中性子星の存在は100分の1の奇跡なのだ。2回の超新星爆発を耐えて生き残った連星は確かに存在こそするものの、やはりほとんどの場合はばらばらに壊れてしまうようだ。

最初に見つかったものもふくめて、連星中性子星は発見後ずっとモニターされ続けている。その最大の目的の一つは、アインシュタインが1915年に発表した**一般相対性理論**の検証のためだ。第7章で詳しく述べるとおり、一般相対性理論によると、物質の回転運動などに伴って重力波が放出される。そして、より小さいサイズにより大きな質量が詰め込まれている物体が回転する場合ほど、放出される重力波のエネルギーは大きい。

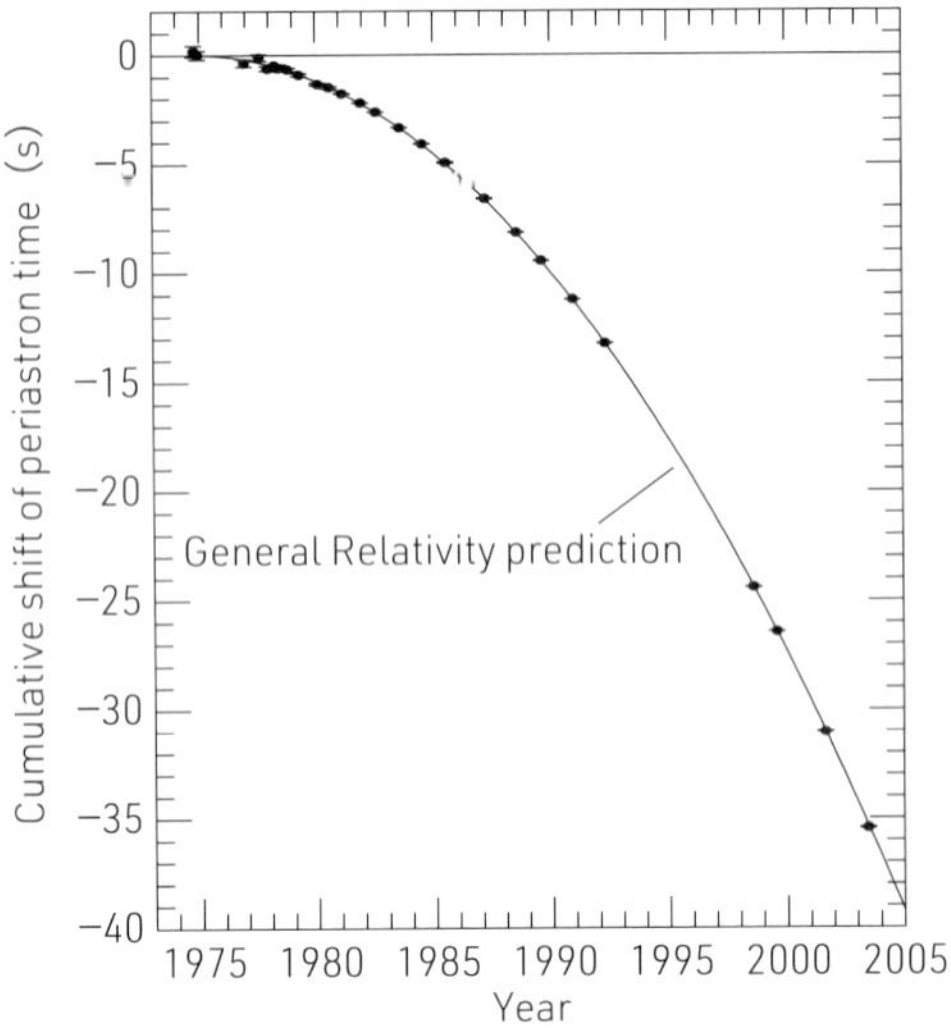

［図**5.8**］**連星パルサー（中性子星）B1913＋16の公転周期**
一般相対性理論による予測（線）と一致している。縦軸は公転周期の減少(秒)、横軸は西暦を示す。
[J.M. Weisberg and J.H. Taylor, 2004]

前章の「白色矮星の合体か？」の節でも述べたとおり、連星白色矮星は重力波を放出することによって公転のエネルギーを失い、やがて合体してIa型超新星になると考えられている。中性子星の質量は白色矮星の2倍程度、サイズは500分の1程度であるから、はるかに小さいサイズの中に同じくらいの質量が詰め込まれている――つまり放出される重力波のエネルギーもずっと大きい。したがって、連星中性子星も重力波の放出により公転のエネルギーを失い、やがて合体するはずだ。これがｒプロセスの起源として注目されている**中性子星合体**である。

連星中性子星の長年のモニタリン

グにより、確かに連星の公転周期が短くなっていることが確認された。しかも、その周期の減少は一般相対性理論による予測と完全に一致する（**図5・8**）。大きな誤差がつきものの天体観測の中でも、これは宇宙マイクロ波背景放射の観測（図２・２）に並んで理論と観測の最も美しい一致の一つと言っていいだろう。間接的にではあるが、この結果は一般相対性理論の正しさを支持する重要な証拠の一つとして挙げられている。

このような観測により、現在までに見つかっている連星中性子星が合体するまでに要する時間は1億年程度かそれ以上と見積もられている。天の川銀河の中で重力崩壊型超新星の爆発は平均的には50年に1回くらいの頻度で起きていることを思い出そう。その爆発を経てできた中性子星二つのうちの1パーセントくらいが連星中性子星になるとすれば、天の川銀河で中性子星合体が起きる頻度は1万年に1回程度という、極めてまれな現象であると考えられる。

中性子星合体——金は中性子星のかけらだった？

こうして、とても珍しい現象ではあるものの、中性子星合体が現実に起きることが確実になった。もし合体の際に中性子が大量に飛び出せば、ｒプロセスが起きるだろう。最初にその可能性が指摘されたのは、１９７０年代の終わりから１９８０年代の最初にかけてであった。

しかしながら、中性子星合体説を検証するための研究はなかなか進まなかった。その理由の一つには、rプロセスの起源として超新星説が長いあいだ支持され続けたことがある。そしてもう一つは、中性子星合体の数値シミュレーションのむずかしさにある。中性子星は非常に強い重力をもつので、一般相対性理論を考慮しなければならない。また、超新星爆発の場合とちがって1次元や2次元のシミュレーションをおこなうことにあまり意味がないことも、その原因だ。二つの中性子星がお互いのまわりをぐるぐる回りながら合体する様子を、球対称や軸対称の現象として表現するのは、そもそも無理なのである。

一般相対性理論を正確に取り入れた3次元の数値シミュレーションが可能になったのは、2000年以降のことである。ここでは最新のシミュレーションの結果をもとに、中性子星合体の様子を見てみよう（カバー前袖の図参照、**図5・9、5・10**）。

合体の1ミリ秒前になると、二つの中性子星はお互いの強い重力による潮汐力の影響で、雨粒のような姿に変形する。そして、その先端どうしが擦れ合うように合体がはじまる。このときの中性子星の回転する速さは光速の70パーセントにも達するため、一体になった連星中性子星の端が回転しながら遠心力で外向きに引き伸ばされ、**スパイラルアーム**（渦状腕）を形成する（図5・9b左、5・10b左）。この中性子に満ちたスパイラルアームの中で、金やプラチナがつくられることになる。その次は、一体化した中性子星の表面付近から、衝撃波やニュートリノで加熱された物質が放出される。これは重力崩壊型超新星の場合とよく似ている。こうして放出される物質の質量は太陽質量の1パーセントほどであり、二つの中性子星の質量から見れば微々たるものだ。

一体化した中性子星は**超大質量中性子星**とよばれる（図5・9c、5・10c）。たとえば太陽質量の1・4倍の中性子星二つが合体すると、太陽質量の2・5倍ほどの超大質量中性子星になる。核融合の場合と同じように、一般相対性理論を考慮すると、中性子星の合体によって質量が減少するのだ。合体で失われた太陽の0・3倍ほどに相当する質量は、アインシュタインの式（図3・1）にしたがって重力波のエネルギーや爆発のエネルギーに変換される。

超大質量中性子星の「超」は、中性子星の限界質量をおそらく超えているという意味である。白色矮星に太陽質量の約1・4倍という上限値が存在したように、中性子星にも限界質量が存在し、それを超えるとブラックホールにつぶれてしまう（第7章で詳しく述べる）。この上限値を理論的に決めるのは容易ではないが、観測で見つかっている中性子星に限れば、最も重いものは太陽質量の2倍程度なので、上限値がこれより大きいことだけは確かである。仮に上限値が太陽質量の2・5倍より小さいとすれば、太陽質量の2・5倍の超大質量中性子星はほどなくブラックホールにつぶれてしまう。

中心に残されるのがブラックホールであろうと超大質量中性子星であろうと、遠心力や衝撃波によりその重力圏を脱出した物質は、二度と戻ってくることはない。そしてこの放出された物質は中性子星からちぎれて飛び出したものなので、いかにも中性子だらけでありそうだ。中性子星合体でrプロセスが起きるというシナリオはもっともらしく思える。

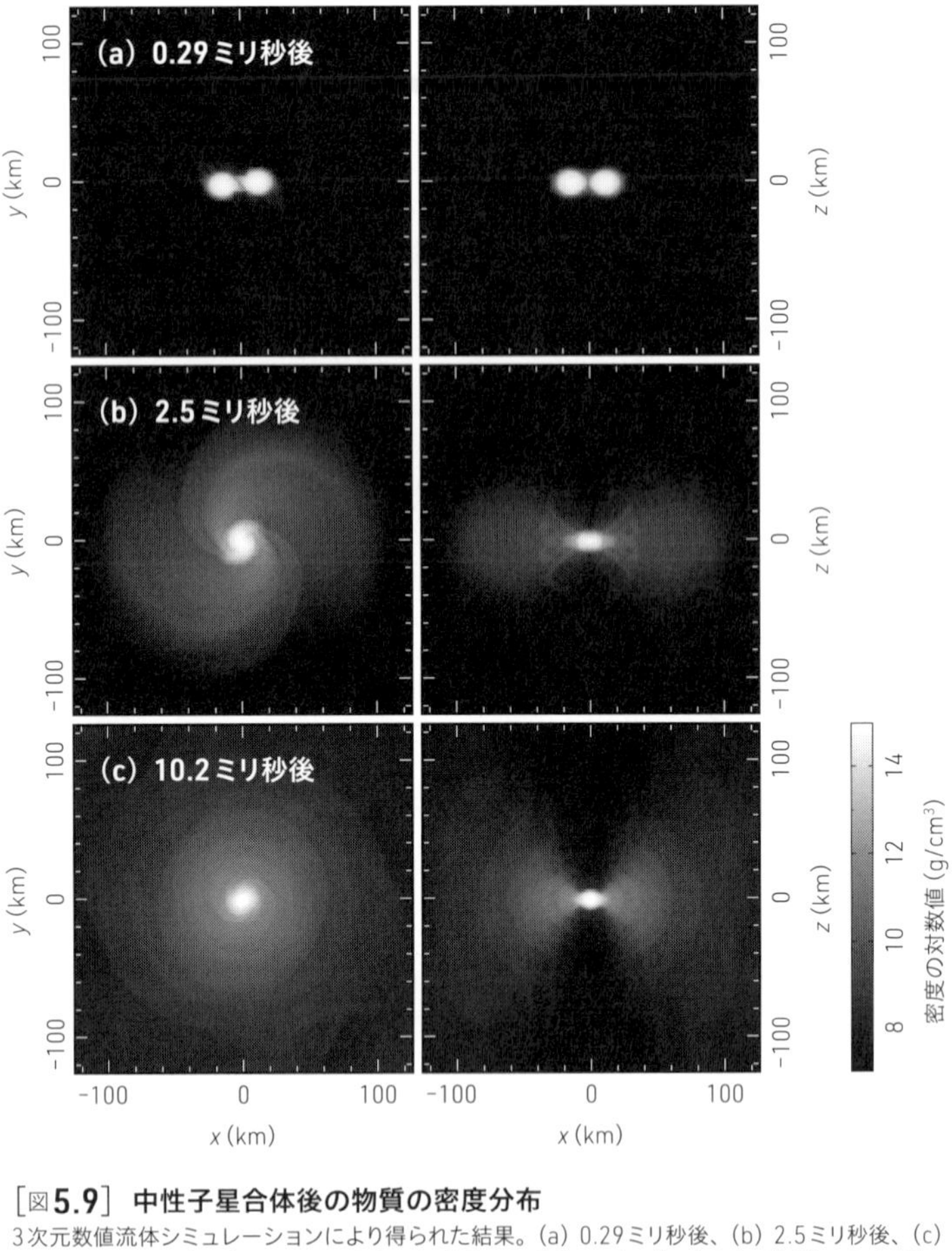

［図**5.9**］ **中性子星合体後の物質の密度分布**

3次元数値流体シミュレーションにより得られた結果。(a) 0.29ミリ秒後、(b) 2.5ミリ秒後、(c) 10.2ミリ秒後。グラデーションは密度の対数値で、単位はg/cm^3。たとえば対数の8は10^8＝100000000＝1億を表す。左は回転面（反時計回り)、右は回転軸に垂直な面における密度分布で、一片の長さは253 kmである。中心の超大質量中性子星を取り囲む降着円盤が形成されている(c)。数値データは関口雄一郎氏より提供。

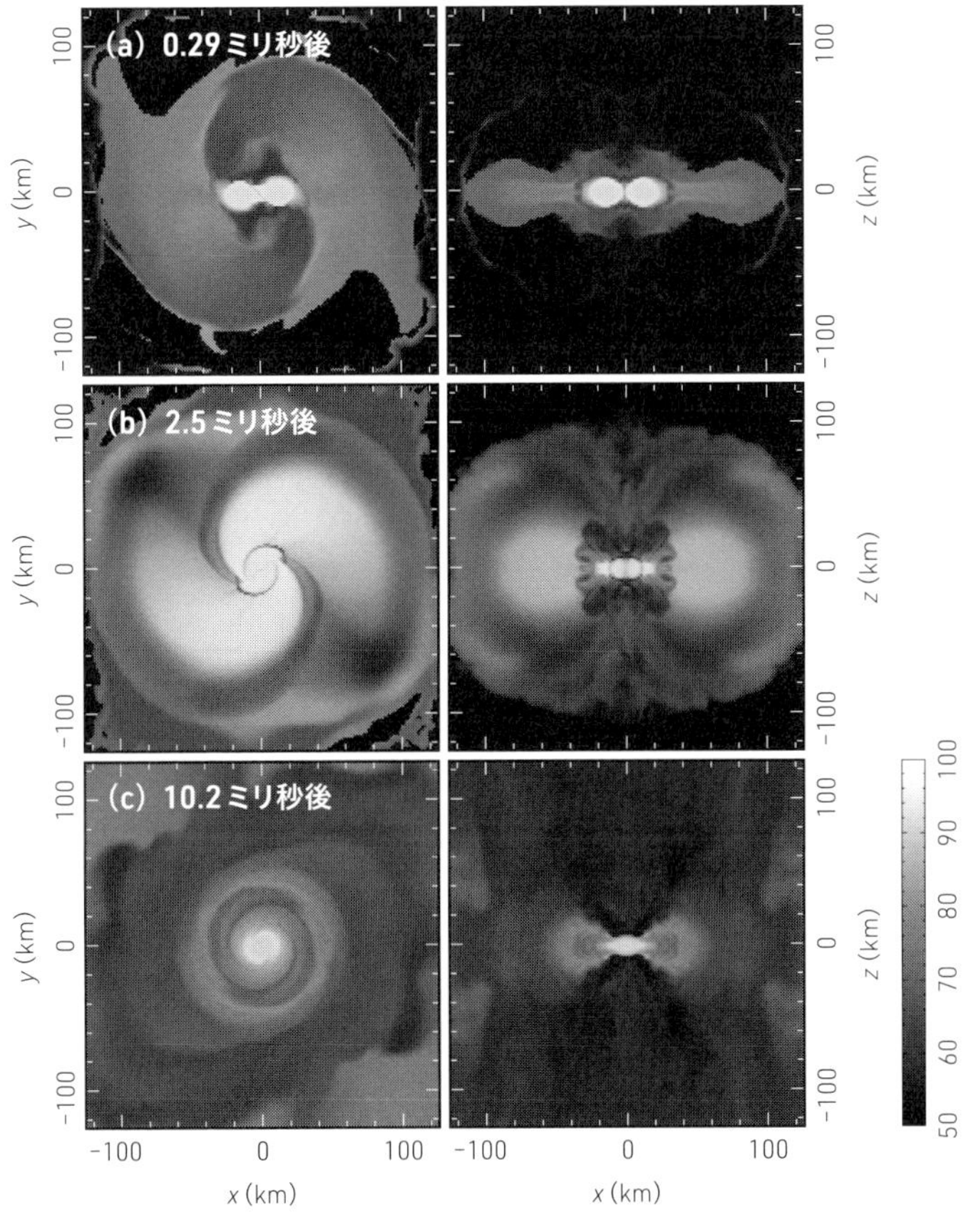

［図5.10］ 中性子星合体後の物質中の中性子の割合

3次元数値流体シミュレーションにより得られた結果。(a) 0.29ミリ秒後、(b) 2.5ミリ秒後、(c) 10.2ミリ秒後。左は回転面（反時計回り）、右は回転軸に垂直な面における中性子の割合で、一片の長さは253 kmである。中心の超大質量中性子星を取り囲む降着円盤が形成されている（c）。数値データは関口雄一郎氏より提供。

金はできても銀はできないというジレンマ

ところが、2010年代初頭までの数値シミュレーションの結果は、超新星説を覆すには決定力に欠けていた。問題は、金はできても銀はできないことであった。

当時の計算では、中性子星合体から飛び出してくる物質は中性子星をつくる物質そのままで、90パーセント以上が中性子、残りが陽子であった。話を簡単にするために、たとえば中性子252個に対して陽子が28個あるとしよう（中性子数対陽子数＝9対1）。sプロセスの場合とちがって、中性子星には出発点となる種核が存在しないことに注意してほしい。rプロセスではみずから種核となる重元素をつくらなければならない。たとえば、種核として原子番号28のニッケル56を1個つくるとする（実際に種核となる同位体の質量数は80〜90である）。このとき、中性子と陽子をそれぞれ28個ずつ消費することになるので、224個の中性子が残される。そしてこのニッケル56が224個の中性子を吸収すると、質量数280の原子核がつくられることになる（ベータ崩壊を繰り返すことによって原子番号は100くらいになる。図5・5参照）。

質量数280の原子核はその後どうなるのだろうか？　たとえば金には安定同位体が一つだけ存在し、その質量数は197だ。いちばん重いビスマスの安定同位体でも質量数は209であり、放射性元素のウランでも質量数は235と238である。質量数280というのは、それよりず

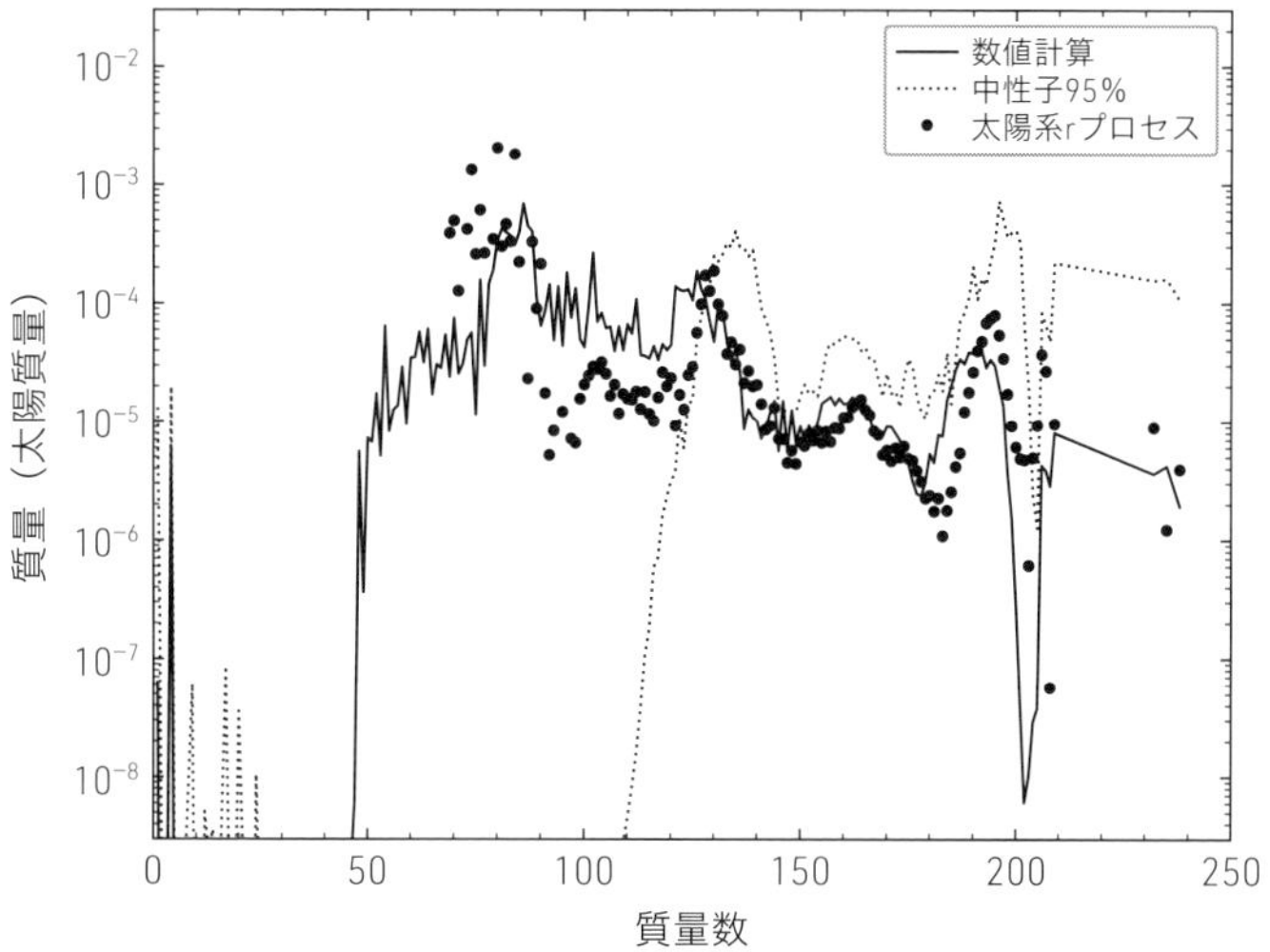

［図**5.11**］ **中性子星合体における元素合成**
中性子星合体の数値流体シミュレーションにもとづく元素合成の計算（実線）と太陽系のrプロセス組成（点。計算結果に合わせて縦方向にシフトしてある）との比較。横軸は元素の質量数、縦軸は太陽質量を単位としたときの合成された物質の質量。点線は、放出される物質の中性子の割合が95%としたときの計算結果。

っと大きい。

質量数が２５４以上の原子核は核分裂を起こすことが知られている。つまり、質量数が２５４〜２８０の原子核は、質量数１３０〜１４０くらいの二つの原子核に分裂してしまうのだ。また、質量数２１０〜２５３の原子核はアルファ崩壊とベータ崩壊を繰り返して、鉛、ビスマス、トリウム、ウランに落ち着く。こうしてつくられる元素の質量数は１３０以上なので、安定同位体の質量数が１０７と１０９の銀など、軽いrプロセス元素はふくまれないことになる（**図5・11**の点線）。これでは太陽系のrプロセス組成をうまく説明することができない。

銀などの軽いｒプロセス元素はどこか別のところでつくられているのではないか？　たとえば、超新星爆発では金などの重いｒプロセス元素はつくられないが、弱いｒプロセスが起こる可能性までは否定できない。とすれば、質量数１３０以上のｒプロセス元素は中性子星合体で、それ以下の質量数のものは超新星でつくられた、と考えれば説明できるのではないだろうか？

じつは、さまざまな星の元素組成の観測から得られた手がかりにより、一回の元素合成ですべてのｒプロセス元素を、しかも太陽系のｒプロセス組成とほぼ同じ割合でつくらなければならないことが確かめられている（次章で詳しく述べる）。中性子星合体のシミュレーションで得られた結果は観測事実と矛盾していたのである。

貴金属合成の最有力候補——重力崩壊型超新星から中性子星合体へ

重力崩壊型超新星でｒプロセスが起きなかった理由を思い出してみよう。中性子星の表面からニュートリノのエネルギーを吸収して物質が吹き飛ばされると同時に、中性子の大半は電子を放出して陽子になってしまうのだった。であれば、中性子星合体の場合も同様に、電子やニュートリノの反応をふくめたシミュレーションをおこなう必要があるのではないだろうか？

そのような数値シミュレーションがおこなわれるようになったのは、２０１０年代も半ばにさしかかった頃である。その結果は、初期のシミュレーションとかなり様相の異なるものだった。最初に放出されるスパイラルアーム状の物質がほとんど中性子からなる点は同じだが（図5・10b）、その後に衝撃波やニュートリノ加熱により放出される物質中には、陽子も多くふくまれることが明らかにされたのである（図5・10c）。

衝撃波加熱により放出される物質の温度は1000億度に達し、物質中の光子のエネルギーは、アインシュタインの式により換算される電子・陽電子対のエネルギーに相当する約100億度をはるかに上回る。そのため、超新星爆発の場合よりずっと多くの電子・陽電子が対生成される。その陽電子が中性子に吸収されて陽子になる反応（陽電子捕獲）が頻繁に起き、中性子の一部は陽子に変換されてしまう。衝撃波加熱によって物質が放出された後は、重力崩壊型超新星の場合と同じように、超大質量中性子星の表面からニュートリノ風が吹き出すことになる。ニュートリノ風に吹かれて飛ばされる物質中には、中性子と陽子が同じくらいふくまれる。

それでも、超新星爆発の場合のように中性子の大半がすっかり陽子になってしまうことはない。超新星はニュートリノのエネルギーが爆発の原動力であるために、必然的にニュートリノの影響を強く受けてしまうのに対し、中性子星合体の場合は、おもに遠心力と衝撃波加熱によって物質が飛び出していくからだ。そして、放出される物質の速さは光速の20～30パーセントにもなるので、たちまち薄められ、陽電子やニュートリノの吸収も起こらなくなる。

まとめよう。最初に遠心力により飛び出すスパイラルアームは、ほとんど中性子で構成される。

次に衝撃波加熱で放出される物質には、中性子が多く含まれるものの、陽子もある程度存在する。そして、最後に放出されるニュートリノ風は中性子と陽子が同じくらいふくまれる。このように、さまざまな割合で中性子をふくむ物質が放出されることになる。その結果、軽いｒプロセス元素から重いｒプロセス元素までが、まんべんなくつくられることになるのだ。

このような数値シミュレーションにより、太陽系のｒプロセス元素組成が再現されることが確かめられている（図５・11の実線）。つまり中性子星合体によって金と銀を同時につくることができるのだ。

こうして重力崩壊型超新星に代わり、中性子星合体がｒプロセス起源天体の最有力候補の座につくことになった。数値シミュレーションによると、一回の中性子星合体で放出される物質は太陽の質量の１パーセント程度であり、放出される金の質量はなんと地球10個分くらいにもなる。

もっと金を──降着円盤からの脱出

話はまだ終わらない。太陽質量の10パーセント程度の物質は重力にとらえられて、脱出に失敗してしまう。そして、超大質量中性子星を取り巻く、中性子の豊富なドーナツ状の降着円盤がつくられる（図５・９ｃ、５・10ｃ）。しかしながら、この捕らわれの身となった物質にもまだ脱出のチャンスは残されている。

最新の研究によると、降着円盤内部の物質は磁気と回転に伴う摩擦で加熱され、その半分――太陽質量の5パーセント――くらいは放出される可能性があるという。これは合体で最初に放出される物質の質量を上回る。このとき放出される物質の速度は光速の10パーセント程度である。中心の超大質量中性子星からはニュートリノの放射が続いているので、超新星の場合と同様に、中性子の多くは陽子に変換されてしまうだろう。したがって、せいぜい弱いrプロセスしか起こらないと予想される。つくられる元素は鉄から銀くらいまでで、金やプラチナがつくられることはなさそうだ。

超大質量中性子星は、その質量が中性子星の限界質量を超えている場合は、やがてブラックホールにつぶれてしまう。はじめは回転による遠心力で重力に対抗するものの、それも長くは続かない。ひとたびブラックホールにつぶれると、降着円盤の物質の大半はブラックホールに吸い込まれてしまう。それでも摩擦による物質の放出は続くが、その質量は太陽質量の1パーセント程度と予想される。放出される物質の速度は、ブラックホールができる前と同様に光速の10パーセント程度である。しかしながら、もう超大質量中性子星が放つニュートリノに悩まされることはない――中性子の多くは残され、rプロセスが起きるかもしれない。つまり、合体で最初に放出されたものと同じくらいの質量のrプロセス元素が放出される可能性が残されているのだ。

降着円盤からの物質の放出については研究途上であり、はっきりしたことはまだわかっていない。たとえば降着円盤の質量、放出物質の質量、物質中の中性子の割合、そして超大質量中性子星がいつブラックホールにつぶれるか（あるいはつぶれないか）、などについては不明な点が多い。それでも超新星説の危機的な状況とは異なり、中性子星合体がレアアース、金、そしてプラチナなどのｒプロセス元素をつくることは、理論的にはほぼ明らかにされたと言っていいだろう。

これで準備は整った。あとはこれが単なる理論の産物ではないことを確かめるため、天体観測などを通じて中性子星合体説を支持する証拠を積み重ねていく必要があるだろう。

いずれにしても、もしｒプロセスがなかったとしたら、この宇宙にレアアースや貴金属はほとんど存在しなかっただろう。わずか１００組に１組の大質量星カップルしかありつけなかった金やプラチナ――それがいま、私たちの住む地球上に存在するのである。

第6章

私たちの住む地球ができるまで

——宇宙の化学進化から生命の星へ——

前章までに、私たちの住む地球上に存在する元素が、宇宙のどこでどのようにつくられたのかについて見てきた。現在のところもっともらしいとされている説を、ひと息に復習してしまおう。軽い元素から順に、水素とヘリウムはビッグバン、リチウムは新星、ベリリウムとホウ素は宇宙線、炭素から鉄族元素までは重力崩壊型超新星、そのうち炭素と窒素の半分くらいは低質量の星、鉄族元素の半分くらいはIa型超新星、sプロセス元素は赤色巨星、rプロセス元素は中性子星合体がそれぞれのおもな起源だろう、というものだった。

このように宇宙のさまざまな場所でつくられた数々の元素が、なぜ地球上にあるのだろうか。空から降ってきたのだろうか？　そうでないことは明らかだ——第1章で見たように、太陽系が誕生したとき、すでにあらゆる元素は地球上に存在していたのだから。それでは、太陽系はどこでどのようにして生まれたのだろう？　それを理解するために、私たちの太陽系が属する天の川銀河の話からはじめよう。

天の川の光と影——私たちの住む銀河系

夏休みに都会を離れ、空気のきれいな山奥や海岸にまで足を延ばせば、**図6・1**のような見事な星景に出会えることだろう。南の方角に目を向ければ、ひときわ赤く輝くさそり座のアンタレスを見つけることができるはずだ。アンタレスは質量が太陽の15倍、半径が太陽の７００倍と推

［図6.1］ 真夏の夜の星景写真
縦断する天の川の中央付近に銀河の中心がある。2012年8月、小浜島にて。

定される赤色超巨星だ。いずれは超新星爆発を起こすだろう。ベテルギウスとともに、ニュートリノによる超新星爆発予報（第4章参照）のターゲットの一つになっている。

アンタレスから少し左に目を向けると、ぼんやりと光る帯のようなものが天空を縦断している（図6・1の中央）。いわゆる天の川だ。天の川の正体はおびただしい数の星々である。一つひとつは暗くて識別できないものの、その数が膨大なために全体として薄明るく見えている。これが本章の主役となる**天の川銀河**（**銀河系**）である、と言われてもピンとこないかもしれない。さらに観察すると、天の川の中央あたりに黒く狭い帯状の領域が見えてくる――この黒い部分に天の川銀河の中心（銀河中心）があるのだ。

この黒い部分に星は存在しないのだろうか？　じつはこの黒い帯の正体は、おもに水素分子や塵（炭素やケイ素、氷などからなる微粒子）などがつくる極低温（絶対温度30〜60度または摂氏マイナス240〜マイナス210度）の雲のようなものであり、**分子雲**とよばれる。空を覆う厚い雨雲が太陽の光を遮るように、分子雲が背後にある星々の光を吸収してしまうために黒い影となって見えるのだ。あらためて天の川の写真（図6・1）を眺めてみよう。心の中で黒雲――分子雲――をとり払うと、中央の矢印の先のあたりがとくに明るく見えてこないだろうか。それが銀河中心と言われても、まだ納得がいかないかもしれない。

心の目で見るまでもなく、赤外線望遠鏡で見れば天の川銀河全体の様子がわかる。赤外線の波長は典型的な塵のサイズより大きいので、星々から放射された光の赤外線成分は、分子雲に遮ら

［図**6.2**］ **近赤外線で見た天の川銀河の姿**
コービー衛星の観測により得られた画像。より多くの赤外線（可視光よりエネルギーが低い）を放射する（太陽より）低質量の星の分布と考えられる。
[E. L. Wright (UCLA), The COBE Project, DIRBE, NASA]

れることなく私たちのもとまで届いている。こうして撮影された私たちの住む天の川銀河の写真が**図6・2**だ。天の川銀河の中に住んでいる私たちがその姿を見ることができるというのも奇妙な話だが、透過力の強い赤外線で観測すると、それが可能になる。

異なる波長の光を用いれば、**図6・3**のように銀河の多様な姿を見ることができる。たとえば、波長の短いX線ではパルサーやX線連星などの高エネルギー天体が観測され、近赤外線（波長の短い赤外線）では星の分布がわかる。

そして、電波（図6・3の4段目）を用いれば分子雲の分布を知ることができる。この（波長の短い）電波は分子雲にふくまれる一酸化炭素から放出されたものである。可視光で黒く見える部分（図6・3の8段目）と電波による分子雲の分布とが、まるでパズルのピースのようにぴったりと

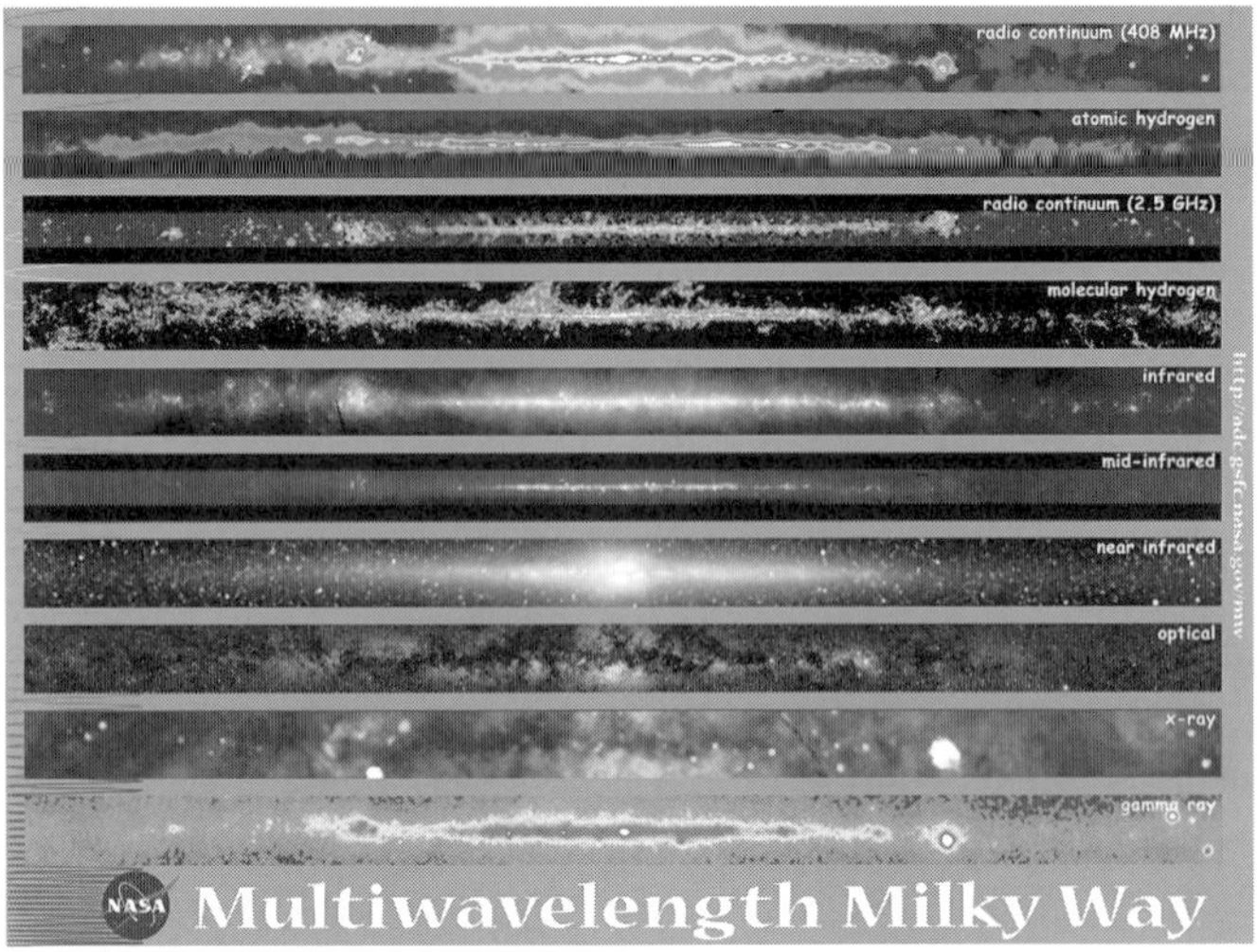

［図6.3］ さまざまな波長の光で見た天の川銀河の姿

上から4段目までは異なる波長の電波、5段目から7段目は異なる波長の赤外線、8段目は可視光、9段目はX線、そして最後の段はガンマ線による観測から得られた画像。電波による分子雲の分布（4段）が可視光（8段）の黒い部分とほぼ一致する。［NASA］

重なるのがわかるだろう。黒雲の正体は紛れもなく分子雲だったのだ。

天の川銀河の姿

銀河は私たちの住む天の川銀河だけではない。宇宙には2兆個もの銀河があると推定されている。天の川銀河に存在する星の数は1000億個ほどであるから、広大な宇宙には銀河が（天の川銀河の）星の数ほど、いや、その10倍以上も存在しているらしい。

気が遠くなりそうなので、天の川銀河の周辺に目を向けてみよう。すぐ近く（といっても私たちから16万光年）には、第4章で登場した超新星1987Aのふるさとである大マゼラン雲がある（**図6・4**左上）。天の川銀河のまわりには、このように小さく、その多くは不規則な形をした**矮小銀河**がいくつも存在する。そして約250万光年のところには、**渦巻銀河**のアンドロメダ銀河がある。子持ち銀河として知られるM51も、2800万光年のところにある渦巻銀河だ。図6・4下からもわかるように、スパイラルアーム（渦状腕）状の星が密集した領域を複数もつことから、そのようによばれる。そのほかに、のっぺりとした楕円体状の**楕円銀河**が存在する（図6・4右上。このように、実際には球状のものも多い）。一般に、楕円銀河は渦巻銀河よりサイズが大きく明るい。

天の川銀河はアンドロメダ銀河やM51によく似た渦巻銀河である（**図6・5**）。複数のスパイラルアームからなる**銀河円盤**の中心には、星が密集した**バルジ**があり、それを取り巻くように星がまばらに存在する**銀河ハロー**が広がる。銀河円盤の直径は10万光年にもなる。ハローには数十万個の星の集団である**球状星団**が150くらい存在する（**図6・6**）。

銀河中心（バルジの中心）には、何があるのだろう？　その周辺の星の運動から、大質量の**ブラックホール**が存在することがわかっている（ブラックホールについての詳細は第7章まで待とう）。これは、太陽のまわりを回る地球の運動から、ニュートンの法則を用いて太陽の質量を知ることができるのと同じ理屈だ。周辺の星々の公転の中心にあるはずの見えない天体の質量は、太陽の400万倍にもなる。もしそれが星または星の集団であれば、非常に明るく輝くはずなので、ブラックホールのほかにはありえないだろう。2019年、私たちから5500万光年のか

[図6.4] 矮小銀河（左上）、楕円銀河（右上）、渦巻銀河（下）の画像
ハッブル望遠鏡などにより得られた画像。左上は大マゼラン雲、右上はM87、下はM51。
[左上：Eckhard Slawik、右上：NASA, ESA and the Hubble Heritage Team (STScI/AURA)、下：NASA, ESA, S. Beckwith (STScI) and the Hubble Heritage Team (STScI/AURA)]

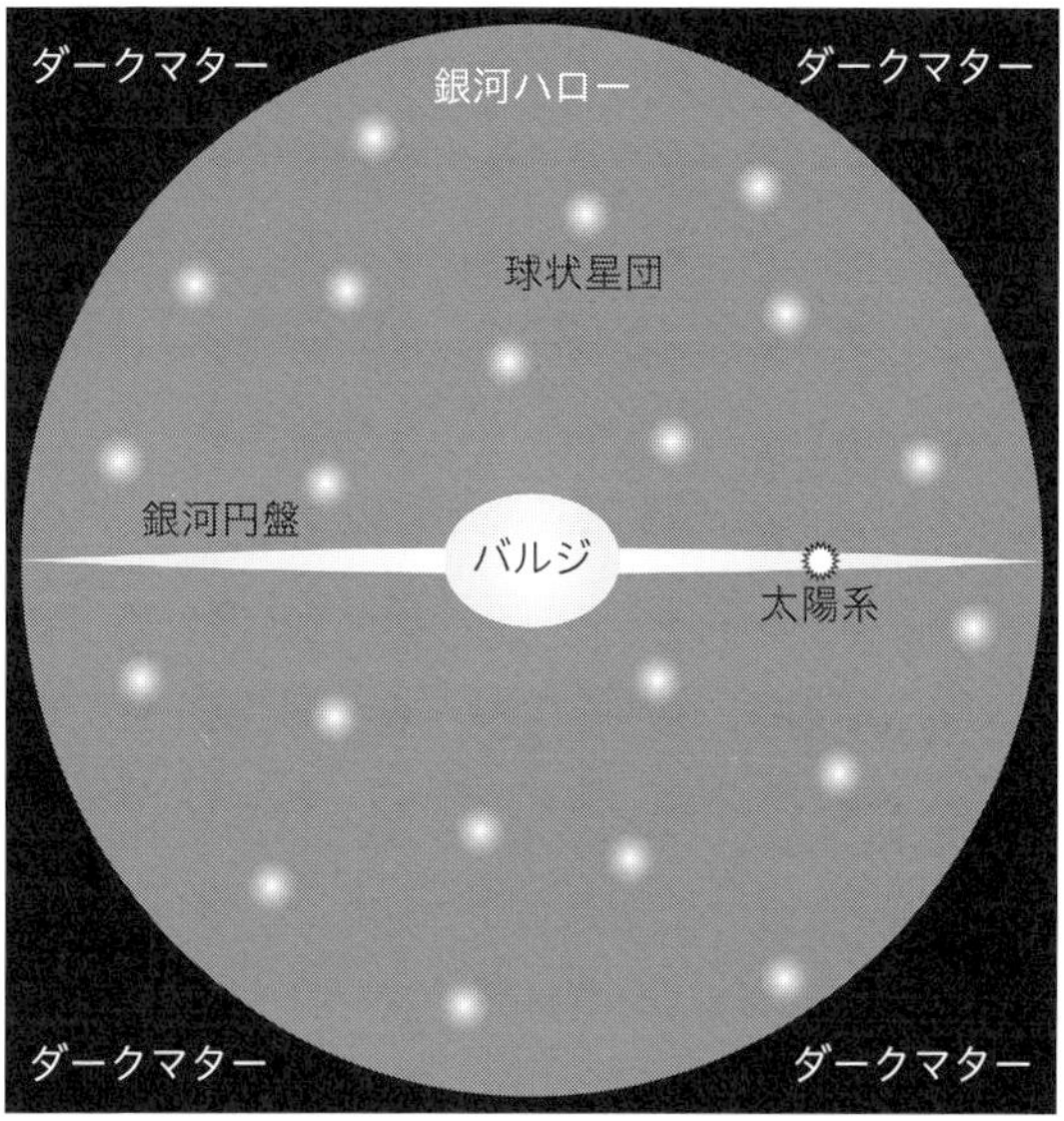

［図**6.5**］ **天の川銀河を横から見たときの模式図**
銀河円盤の直径は10万光年程度であり、太陽系は銀河中心から約27000光年の位置にある。銀河ハローの主要な成分はダークマターである。

なたにある楕円銀河M87（図6・4右上）の中心にたたずむ、太陽質量の65億倍ものブラックホール（の周辺）の姿が電波望遠鏡により撮影されている。天の川銀河の中心にあるブラックホールの姿が見られる日も近いだろう。このように、ほぼすべての銀河の中心に大質量ブラックホールが存在すると考えられている。

天の川銀河の最新の観測をもとに作成された図を見てみよう（**図6・7**）。M51の写真（図6・4下）とよく似ていることがわかるだろう。太陽系は銀河中心から約2万7000光年離

［図**6.6**］ **球状星団M15**
ハッブル宇宙望遠鏡により撮影された画像。
［ESA/Hubble & NASA］

れており、二つの大きなスパイラルアームのあいだの小さな（オリオン）アームにある——図6・1、6・2、6・3はまさにそこから眺めた天の川銀河の姿だったわけだ。星がまばらな銀河の田舎とでも言うべきか、なんとも寂しそうなところだと思うかもしれない。それでも、田舎だからこそ私たちは安心して暮らせるのかもしれない。バルジや大きなスパイラルアームの中のような星が密集しているところでは、きっと近くの星からの放射線などに悩まされることだろう。いつ近所で超新星爆発が起きるかと思うと、安心し

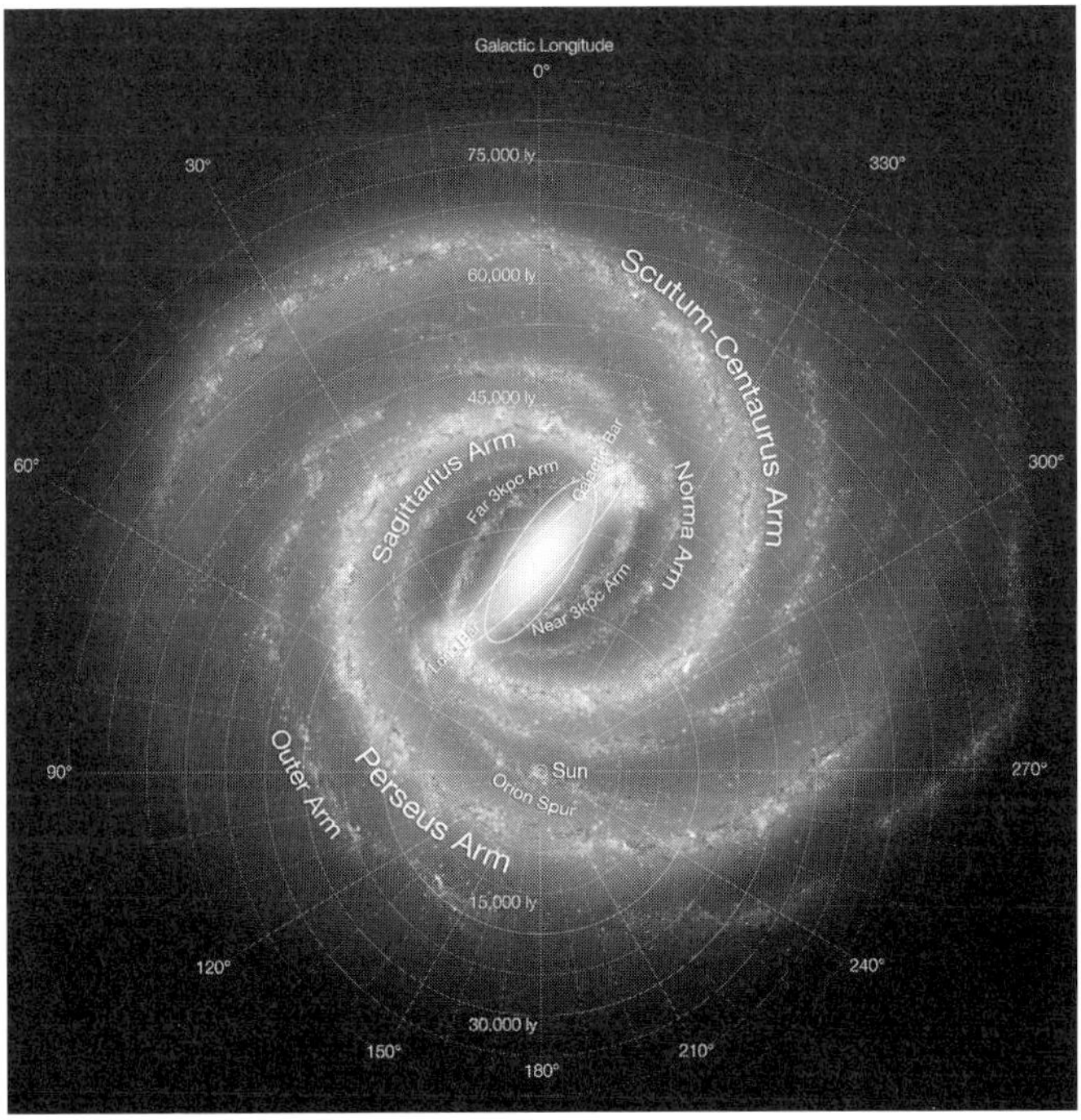

［図**6.7**］ **最新の観測をもとに作成された天の川銀河の図**

太陽系（Sun）は、2つの大きなスパイラルアーム（たて・ケンタウルスアーム：Scutum–Centaurus Armとペルセウスアーム：Perseus Arm）のあいだの小さいオリオンアーム（Orion Spur）位置する。

［NASA/JPL–Caltech/ESO/R. Hurt］

て眠ることもできないかもしれない。公害や騒音に満ちた都会の真ん中で暮らすようなものだ。

ダークマターの海に沈む天の川銀河

元素の話に戻る前に、もう少しだけ天の川銀河について見ておこう。

図6・7のようなスパイラルアーム状の形から、銀河円盤が回転していることは容易に想像がつくだろう。観測によれば、太陽系は秒速220キロメートルという猛スピードで銀河中心のまわりを回転している。約2億年で銀河中心のまわりを1周する計算になる——地球が太陽のまわりを秒速30万キロメートルの速さで1年かけて1周するように。私たちは地球と同じ速さでともに動いているので、その高速の運動には気づかない。太陽系の惑星の場合、地球より内側を回る水星や金星はより短い時間で、外側を回る火星や木星はより長い時間をかけて太陽のまわりを回る。太陽の重力は距離が近いほど強いので、遠心力でそれに対抗するためには、内側の惑星ほどより速く回らなければならないのだ。

銀河円盤にあるほかの星々はどのくらいの速さで銀河中心のまわりを回っているのだろう？観測によると、驚くべきことに、太陽系より内側から銀河円盤の端にいたるほとんどの星が太陽とほぼ同じ速さで回っている。

もちろん太陽系と天の川銀河では状況が異なる。太陽系ではその全質量の99パーセント以上を太陽が占めるので、個々の惑星の重力はあまり重要ではない。

それに対して銀河では、星やガスが広く分布しているので、中心から遠ざかるにつれて、星の回転軌道の内側にある質量は増加する。それに伴って星が受ける重力も強くなるので、遠心力でそれに対抗するには、全質量が中心に集中している場合よりも速く回らなければならない、というのはもっともなことだ。ところが、銀河に存在する星やガスのほかにブラックホール、白色矮星、褐色矮星のような暗くて観測がむずかしい天体のすべての質量を考慮しても、星の回転速度を一定に保つのにはまったく不十分である。

すべての可能性を考慮した上で得られた結論が、未知の物質である**ダークマター（暗黒物質）**の存在である。ダークマターは、私たちが知っているような光で見ることができる物質ではないが、ふつうの物質と同様に質量をもち、重力には反応するというのだ。いまのところダークマターが何であるかは誰も知らない。まだ発見されていない未知の素粒子がその正体であろう、というのが定説である。パウリによるニュートリノの予言のように、何かどうしても説明できないことがあるときに未知の素粒子の存在を仮定するのは、物理学者の常套手段だ。そしてその正体が何であろうとも、ダークマターが銀河の重力源になっているのであれば、光を発する天体の観測からその質量や分布を推定することは可能である（その意味では、天文学の対象としてはダークエネルギーよりずっと扱いやすいと言える）。

銀河円盤の星、銀河ハローにある球状星団、ハローのすぐ外側にある矮小銀河などの運動から推定されたダークマターの質量は、星やガスなどの通常の物質の総質量の10倍にもおよぶ。そしてダークマターは、銀河円盤の10倍もの直径にわたりほぼ球状に分布していると推定されている。つまり、天の川銀河の本体はダークマターの海であり、銀河円盤やハローはその深海に沈んでいるようなものだ。そしてダークマターの存在は、銀河団（数百～数千の銀河からなる集団）や宇宙マイクロ波背景放射の観測からも確かめられている、まぎれもない観測事実なのである。

星とガスのライフサイクル——星たちの輪廻転生

話を戻そう。太陽系にはなぜ最初からすべての元素が存在していたのだろう？　それは、分子雲から星が生まれ、星で元素がつくられ、その元素が放出され、そこから再び分子雲がつくられ、……というような星とガスのライフサイクルが繰り返される中で、太陽系が誕生したからだ。

そんな様子をよく表す一枚の写真がある（**口絵4**）。冬の夜空に燦然と輝くオリオン座。その中央あたりに仲良く並ぶ三つ星のいちばん下の星のすぐ右にある馬頭星雲、三つ星の右に並ぶ小三つ星の真ん中にある赤くぼんやりと光るオリオン星雲、それらを囲むようにうっすらと赤く円弧状に広がるバーナードループ。これらがそのライフサイクルの主役だ。

馬頭星雲は、**暗黒星雲**とよばれる分子雲の一つである。暗黒星雲が黒く見えるのは、そこに何もないからではなく、後方の星明かりが遮られているからだ。最新の高解像度の写真では、もはや暗黒には見えない（口絵4左下）——雲のような姿が浮かび上がっているのがわかるだろう。このような分子雲の中にまわりより少し密度が高い部分があると、その重力により周囲のガスが集まってくる。それが重力収縮して温度が上昇し、中心の温度が1000万度に達すると水素核融合の火が灯る。こうして分子雲のそこかしこで星々が産声をあげるのだ。

オリオン星雲はまさにそのような星のゆりかごである（口絵4右下）。この巨大な分子雲の中では、生まれたばかりの数千もの星々が燦々と輝いており、分子雲を照らしている。オリオン星雲のぼんやりとした光は、おもに分子雲の中の水素原子が星から吸収した光を輝線として再放出したものだ。その波長が水素原子に特有の656・28ナノメートルの波長をもつHアルファ線であるために、分子雲は赤く光っているのである。

星のゆりかごである分子雲から生まれた星たちは、やがて惑星状星雲や超新星爆発（あるいは中性子星合体）のような最期を迎え、核融合でつくった元素をあたりにばらまくことになる。バーナードループは約200万年前に爆発した超新星の残骸だろうと考えられる。その赤い色は、オリオン星雲と同様におもに水素からなる分子雲であることを物語っている（口絵4上）。膨張する超新星の残骸が、まわりのおもに水素からなるガスを雪かきのように集めながら圧縮して、球殻状の分子雲を形成したのだろう。その分子雲を構成するガスには、超新星自身が放出した元素や、まわりの星々がすでに放出していた元素が混ざり合っている。だから、その分子雲から生まれる次の世代の星々は、はじめからさまざまな元素をふくんでいる。

このような星とガスのライフサイクルは、何もオリオン座の周辺に限って見られるものではない。M51の写真（図6・4下）をもう一度眺めてみよう。スパイラルアームに沿っていたるところに、馬頭星雲のような黒い分子雲やオリオン星雲のようにぼんやりと光る分子雲があるのがわかる。私たちの住む天の川銀河でも同じだ。銀河のいたるところでいままさに星が生まれ、元素をつくり、星の死とともにそれらを放出し、それらを材料に新たな星が生まれ、……という輪廻転生が繰り返されている。分子雲の存在が明らかになるよりずっと前にしたためられた、宮沢賢治の小説『銀河鉄道の夜』——その「天上」への旅路の終着点に描かれたみなみじゅうじ座の「石炭袋」も、実在する暗黒星雲の一つだ。「そらの孔《あな》」と形容されたその黒い雲から、いままさに新しい星が生まれようとしているのである。

銀河化学進化——いかにして元素に富む星、そして生命の地球が生まれたのか

星とガスのライフサイクルの中で生まれた太陽系には、最初からすべての元素が存在していた。それでは、天の川銀河のほかの星々についてはどうだろう？　第1章で学んだように、星の元素組成を調べるために、わざわざその星まで行ってサンプルを持ち帰ってくる必要はない。向こうからやってくる光を分光して、スペクトルに現れるバーコードのような吸収線を調べてやれば、その星にどんな元素がどれくらいふくまれているかがわかるのだった。

天の川銀河の星々は太陽よりずっと遠くにあるので、組成を調べるためには、大型の望遠鏡を使ってできるだけ多くの光を集める必要がある。

大型望遠鏡を用いた長年の研究によって明らかにされたことは、第一に、銀河円盤にある比較的近くの星には、太陽系に存在するのと同じ元素が似たような割合でふくまれていることだ。大ざっぱに言えば、第1章で見た太陽系の元素組成は、銀河円盤の少なくとも太陽近傍の元素組成を代表していると考えてよさそうだ。

銀河ハローにある星はどうだろう？　観測によると、太陽系と同様にハローの星々にもすべての元素がふくまれているものの、その割合は大きく異なる。とりわけ、ハローの星では鉄など重い元素の割合が際立って低いのだ（太陽系の10分の1以下）。これは次のように解釈できる。

ビッグバンから数億年後、宇宙に最初の星明かりが灯ったとき、宇宙には水素、ヘリウムとわずかばかりのリチウムしか存在しなかった。その後、星とガスが輪廻転生を繰り返すにつれて、新たに生まれる星々にふくまれる重い元素の割合が次第に増えていった。つまり銀河ハローに存在する重い元素の少ない星は、宇宙のはじまりからまだそれほどたっていない頃に生まれた古い星であると考えられる。仮に、ハローに存在する星々の年齢が現在の宇宙年齢（１３８億歳）に近いとすれば、それらは太陽の推定寿命１２０億年よりも長寿である。第4章で見たとおり、星の寿命はその生まれたときの質量で決まり、質量が小さいほど長寿命だ。したがって、現存するハローの星たちは太陽より軽いと推定される。

それに対して、銀河円盤に存在する重い元素の多い星たちは比較的最近に生まれたことになる。その星たちの質量は軽いものから重いものまでバラエティに富んでいる。観測によると、軽い星ほどその数が多い。超新星爆発を起こすような重い星の数は全体の1パーセントにも満たない。また、銀河円盤では現在、一年あたり数個の星が生まれている。

このような観測事実から、太陽系の生い立ちがおぼろげに思い浮かぶのではないだろうか。宇宙のはじまりから間もない頃に銀河ハローが形成され、重い元素をあまりふくまない星々が誕生した。この頃の宇宙には、地球のような岩石をつくる酸素やケイ素などの元素はほとんど存在しなかったから、もし星のまわりに惑星ができたとしても、木星のようなガス惑星だけだっただろう。酸素や炭素がほとんどないから、生命が育まれることもなかったと想像できる。やがて銀河ハローのガスが銀河の回転面に沈殿し、銀河円盤が形成された。その銀河円盤における星とガスの輪廻転生を経て太陽系が誕生し、ケイ素や酸素などの重い元素から地球がつくられ、そして酸素や炭素などを主成分とする生命が生まれたのだ。

このように、星々の元素組成から銀河の進化を探る研究テーマを**銀河化学進化**という。

銀河化学進化の研究では通常、鉄などの重い元素の水素に対する数の比を進化の指標として議論する。星にふくまれる鉄原子の総数はわからなくても、それぞれの元素に対応する吸収線の濃さからその数の比が得られるからだ。水素は宇宙に最初からあった元素で、その後つくられることはない。とはいえ、水素核融合により減った量は宇宙全体からみればごくわずかであるから、宇宙にある水素の量はビッグバンから現在に至るまでほぼ一定とみなすことができる。そして、鉄は宇宙のはじまりには存在せず、星とガスの輪廻転生とともに増えていくので、鉄／水素の比は銀河化学進化における時間の指標となるのだ。

マグネシウムの銀河化学進化——Ia型超新星はいつ現れたのか

銀河化学進化の一つ目の例として、マグネシウムについて考えてみよう。原子番号12のマグネシウムは、質量が太陽の約8倍以上の星の中でつくられ、重力崩壊型の超新星爆発によって宇宙空間にばらまかれるのだった。マグネシウムはほかに起源をもたないので、重力崩壊型超新星の役割を調べるには格好の元素だ。私たちの体の大部分をつくる酸素も重力崩壊型超新星に起源をもつが、その分光観測に起因する測定誤差の大きさが問題になっている。ここでは、マグネシウムを重力崩壊型超新星に起源をもつ元素の代表としよう。酸素の場合もほぼ同じと考えて差し支えない。

図6・8は天の川銀河におけるマグネシウムの化学進化を表す。このシンプルな一枚の図に、銀河化学進化の基本が凝縮されていると言っても過言ではない。ゆっくりと時間をかけて理解していこう。図の中の一つひとつの点が、観測された約3000個もの星々の元素組成を示している。

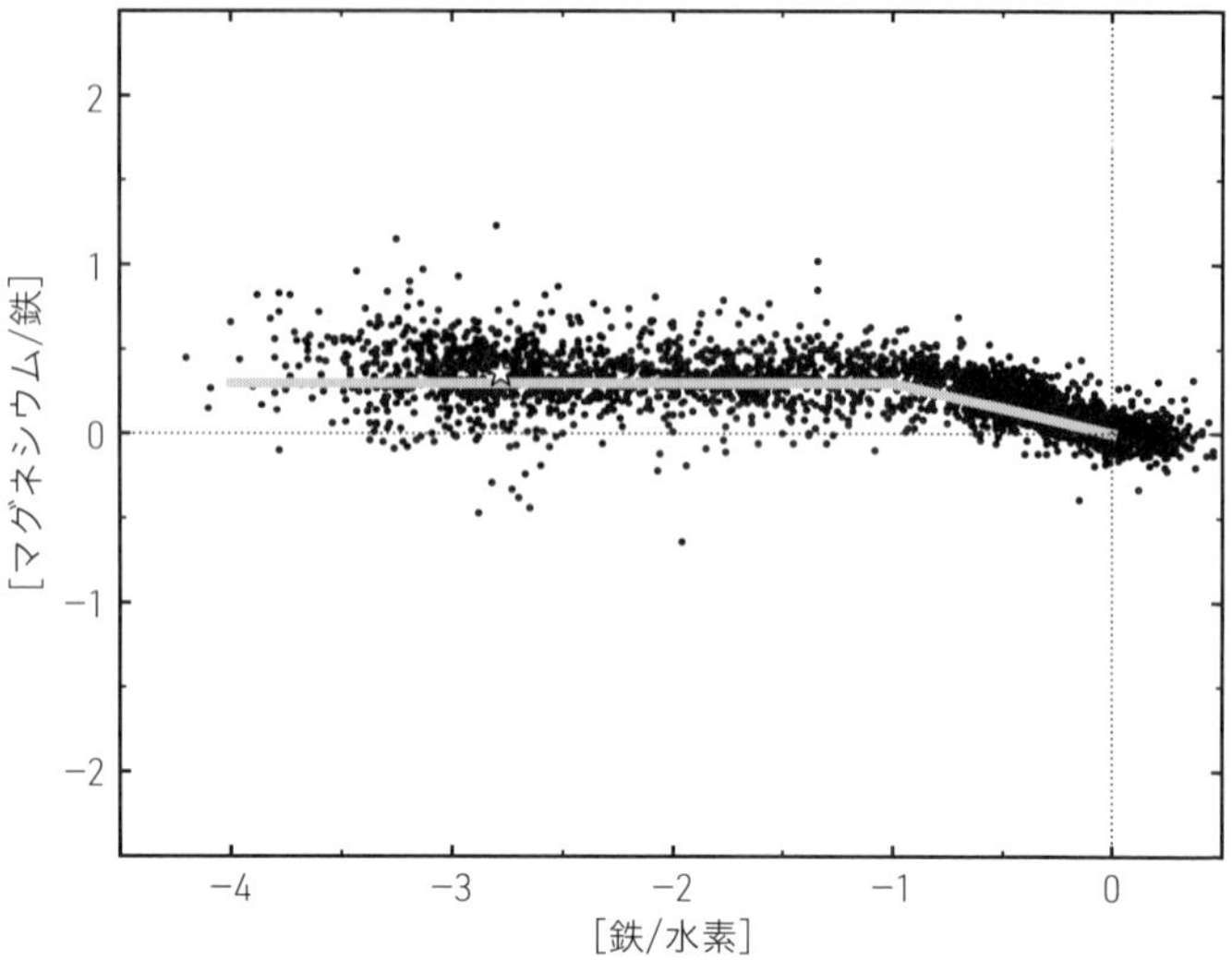

［図6.8］ 天の川銀河におけるマグネシウムの化学進化

点の一つひとつが観測された星の元素組成を表す。A/Bは元素Aの元素Bに対する数の比であり、[A/B] はその太陽系の値に対する比の対数を表す。たとえば、[鉄/水素]=0、−1、−2、…はその星の鉄/水素が太陽系の値と同じ、10分の1、100分の1、…であることを意味する。また、[マグネシウム/鉄]=0、1、2、…はその星のマグネシウム/鉄が太陽系の値と同じ、10倍、100倍、…であることを意味する。縦横の点線は太陽系の値、グレーの線はマグネシウム/鉄のおおよその進化経路を示す。星印は図6.9の星。観測データはSAGAデータベース（http://sagadatabase.jp）より引用。

横軸を見てみよう。鉄／水素は星の表面にふくまれる鉄原子の水素原子に対する数の比を意味する。少しややこしいけれど、［鉄／水素］はそれをさらに太陽系の比で割ったときの対数値だ。したがって、横軸の0を通る縦点線上にある星は、太陽系が46億年前に誕生したときと同じ鉄／水素の値をもつことを意味する。そして、［鉄／水素］＝－1、－2、……は、その星の鉄／水素が太陽系の値の10分の1、100分の1、……であることを表す。0が太陽系の値で、目盛り一つが一桁分のちがいと覚えておけばいいだろう。鉄／水素の値は時間とともに増加するので、大ざっぱに言えば横軸は時間軸とみなすことができる。たとえば、［鉄／水素］＝0の縦点線付近にある星々は太陽と同じ46億年くらい前に、この線より左側に位置する星々はそれより前に誕生したと解釈できる。［鉄／水素］が−1より大きい星はおもに銀河円盤に属し、それより鉄の少ない星はおもに銀河ハローに存在する。

図の縦軸の［マグネシウム／鉄］も同様に、マグネシウムの鉄に対する数の比をさらにその太陽系の値で割った対数値である。つまり、縦軸の0を通る横点線上にある星々は、太陽系と同じマグネシウム／鉄の値をもつ。そして、［マグネシウム／鉄］＝1、2、……は、その星のマグネシウム／鉄が太陽系の値の10倍、100倍、……であることを表す。縦と横の点線の交点付近にある星々は、太陽と同時期に生まれ、太陽とほぼ同じマグネシウム／鉄の比をもつ。

このマグネシウムの銀河化学進化図から何が読みとれるだろう？　まず目につくのは、［鉄／水素］が−1より小さい星々の［マグネシウム／鉄］の値は、グレーの線で示した0・3あたりを中心としてほぼ一定の範囲に収まっていることだ（グレーの線から大きく外れる星も少なからず存在するが、それらは星の総数の1パーセントくらいなので、いまは気にしないことにしよう）。［マグネシウム／鉄］＝0・3は対数値であるから、これは、マグネシウム／鉄の比が太陽系の値の$10^{0.3}$≒2倍程度であることを意味する。そして［鉄／水素］が−1から0に増加するにつれて、［マグネシウム／鉄］はグレーの線で示されるように、ほぼ0まで減少する。

この銀河化学進化図は次のように解釈できる。

第4章で学んだように、マグネシウムは重力崩壊型超新星で、鉄は重力崩壊型とIa型の両方の超新星でつくられるのだった。宇宙の晴れ上がりからしばらくして、銀河ハローが形成されると、はじめに寿命の短い大質量の星たちが（重力崩壊型）超新星爆発を起こし、マグネシウムや鉄を宇宙空間にばらまいた。これらの元素と混じり合ったガスから次世代の星々が生まれ、それらの一部がまた重力崩壊型超新星となり、……という星とガスの輪廻転生をくりかえす。時間ととも に［鉄／水素］は増加するものの、重力崩壊型超新星から放出されるマグネシウム／鉄の比はほぼ一定であり、［マグネシウム／鉄］は増加も減少もしなかった。

宇宙のはじまりから10億～20億年くらいたち、銀河円盤が形成されはじめる頃には、太陽の数倍の質量の星々も一生を終えて惑星状星雲となり、白色矮星を残した。連星をなす白色矮星の一部はやがてIa型超新星となり、そのときに鉄を宇宙空間にばらまいた。それに伴って［鉄／水素］はさらに増加した。このときマグネシウムは放出されないので、次世代の星々のマグネシウム／鉄の比は減少していった。その比が図6・8の縦点線と横点線の交点に達する頃――いまから46億年ほど前に――太陽系が誕生した。

Ia型超新星の出現により、［マグネシウム／鉄］が0・3から0まで、すなわちマグネシウム／鉄が太陽系の値の2倍から1倍にまで減少したらしい。ということは、太陽系に存在する鉄の半分くらいはIa型超新星でつくられたと考えられる。たった一枚の銀河化学進化図を眺めるだけでこれだけ多くのことがわかってしまうのだ。

ｒプロセス星――金でいっぱいの星たち

同様にｒプロセス元素の銀河化学進化図を眺めれば、それらがどこでつくられたのかがわかるかもしれない。それについて考える前に、星の分光観測から明るみになった驚くべき事実について触れておこう。

１９８０年代から、銀河ハローにはｒプロセス元素が際立って多い星が存在することが知られていた。たとえば、鉄の量が太陽の１０００分の１くらいの星（［鉄／水素］＝－3程度の星。**超金属欠乏星**という）の光を分光してやると、通常は重元素の量が少ないために、その存在を示すバーコードはかなり薄く見える。ところが超金属欠乏星の中には、ｒプロセス元素のバーコードだけがくっきりと濃く見えるものがある――ｒプロセス元素だけが際立って多いというわけだ。しかしながら、当時の望遠鏡では超金属欠乏星の詳しい元素組成を調べるのは困難であった。

１９９０年代に入ると、大型望遠鏡を用いた超金属欠乏星の観測が本格化した。活躍したのは、ハワイ島マウナケア山頂（標高４２００メートル）に建設された10メートルの口径をもつアメリカのケック望遠鏡、同じくマウナケア山頂に建設された日本のすばる望遠鏡（口径8メートル）、チリのパラナル（標高５０００メートル）に建設されたヨーロッパのＶＬＴ望遠鏡（口径8メートル）、口径２・５メートルの望遠鏡を人工衛星に搭載したアメリカのハッブル宇宙望遠鏡などである。ほどなくして、ｒプロセス元素の鉄に対する比が太陽系の値の数十倍にもなる超金属欠乏星が次々に発見された。そして、超金属欠乏星の数パーセント程度がそのようなｒプロセス元素に富む星（**ｒプロセス星**とよぶことにしよう）であることが明らかになった。

図６・９に、ｒプロセス星の一つであるＣＳ　３１０８２-００１の元素組成を示した。金やプラチナをふくむ多くの重元素が検出されているのがわかる。黒丸は分光により得られた元素組成（エラーバーは観測誤差）、線は太陽系のｒプロセス元素組成であり、各元素のユーロピウム（原子番号63）に対する比の対数値が示されている。この星の元素組成が太陽系のｒプロセス元素組成とほぼ一致しているのがわかるだろう。原子番号56のバリウムから先は、エラーバーの範囲にほぼすべて収まってしまうほどである（原子番号92のウランは下のほうに大きくずれているが、比較的寿命の短い放射性元素であるために減少したと考えられる）。そしてこのような見事な一致は、これまでに見つかったｒプロセス星のすべてに例外なく見られる。

太陽系のｒプロセス元素組成は、過去に起きた多くの起源天体（おそらく中性子星合体）でつくられた元素が混ぜ合わされたものである。他方、超金属欠乏星が生まれた頃の銀河のガスにはもともと重元素がほとんどふくまれていなかったので、一つの起源天体でつくられたｒプロセス元素の組成をそのまま反映していると考えられる。もし起源天体がそのイベントごとに異なる組成のｒプロセス元素を放出するならば、ｒプロセス星についても星ごとに組成が異なるはずであ

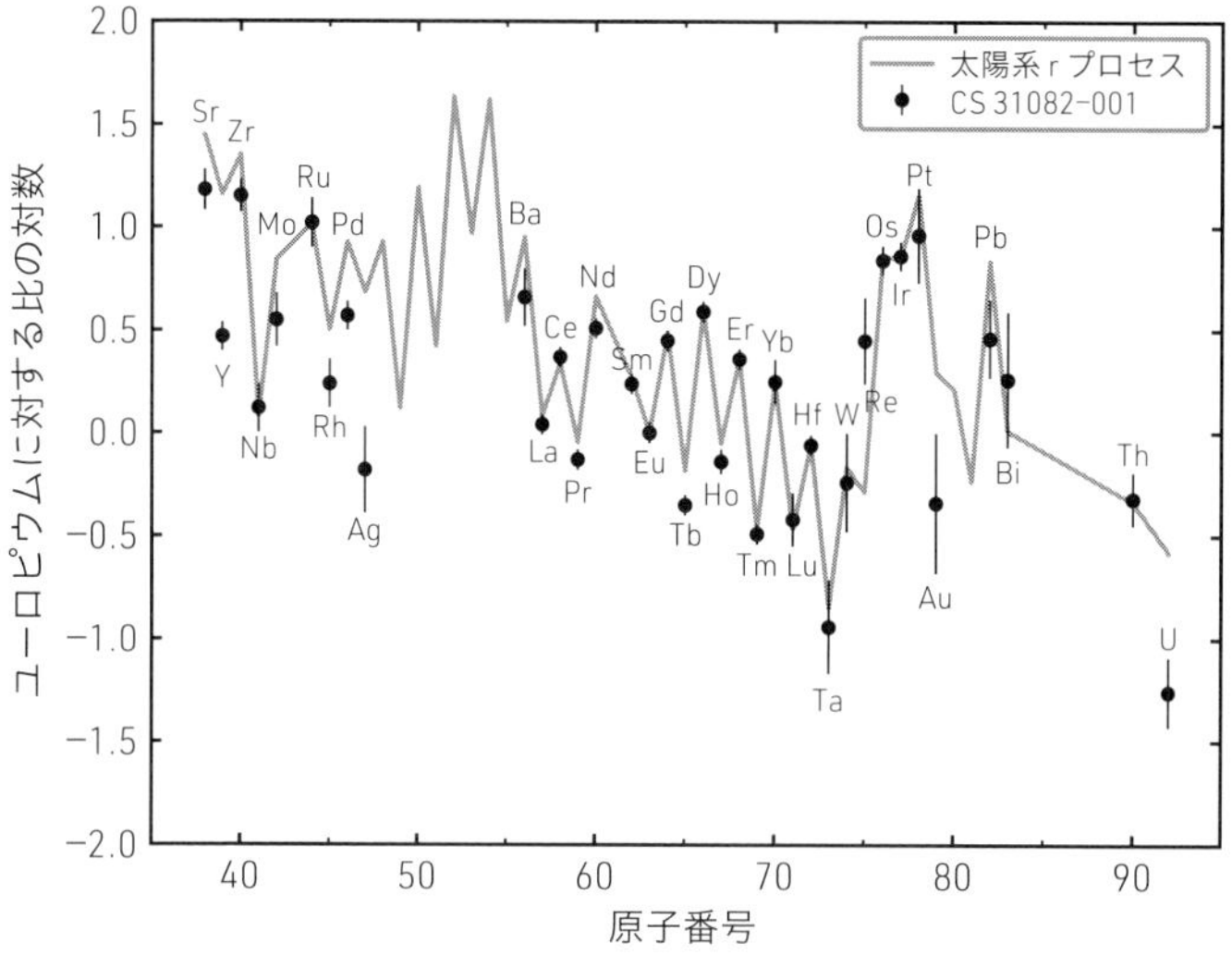

［図**6.9**］ **超金属欠乏星CS 31082–001の重元素組成**
黒丸と誤差棒は観測された値、線は太陽系rプロセス元素組成を示す。いずれもユーロピウムに対する比の対数を表す。

る（たとえば、分光から得られるsプロセス元素の組成は星ごとにまちまちである）。ところが、rプロセス星の重元素組成は太陽系のrプロセス組成とほとんど一致し、それがすべてのrプロセス星に当てはまる。

そこから得られる結論はただ一つ――rプロセスの起源天体はいつでもほとんど同じ組成のrプロセス元素をつくるのだ。これを**rプロセスのユニバーサリティー**という。第5章で紹介した中性子星合体説がrプロセスの起源天体として受け入れられたのは、一つのイベントだけですべてのrプロセス元素がつくられ、それが太陽系のrプロセス組成にほぼ一致する（図5・11）――rプロセスのユニバーサリティーと矛盾しない——ことが示されたからである。

重元素の少ない星のまわりに（酸素、ケイ素、鉄などからなる）岩石質の惑星ができる可能性は低そうだが、仮にrプロセス星のまわりに地球のような惑星があったとしたらどうだろう？ rプロセス星では、金やプラチナの鉄に対する比が太陽系の値の数十倍にもなる。であれば、そのまわりを回る地球型惑星は、rプロセス元素の量も地球の数十倍の、金でいっぱいの星なのかもしれない。

ユーロピウムの銀河化学進化——rプロセス元素はどこでつくられたのか

銀河化学進化の話に戻ろう。できれば金やプラチナについての銀河化学進化図を見たいところだが、これらの貴金属元素を星の大気から検出するのはとてもむずかしい。その代わりにユーロピウムの銀河化学進化を見てみることにしよう。rプロセスにはユニバーサリティーがあるから、どのrプロセス元素を使っても結果は同じだ。あまり馴染みのない名前かもしれないが、原子番号63のユーロピウムはレアアース元素のひとつであり、古くはブラウン管テレビの発光材、現在では蛍光灯やダイオードなどの蛍光剤として活躍している。太陽系に存在するユーロピウムの97パーセントはrプロセス起源であり、観測も比較的容易なので、天文学ではしばしばrプロセス元素の代表とみなされる。

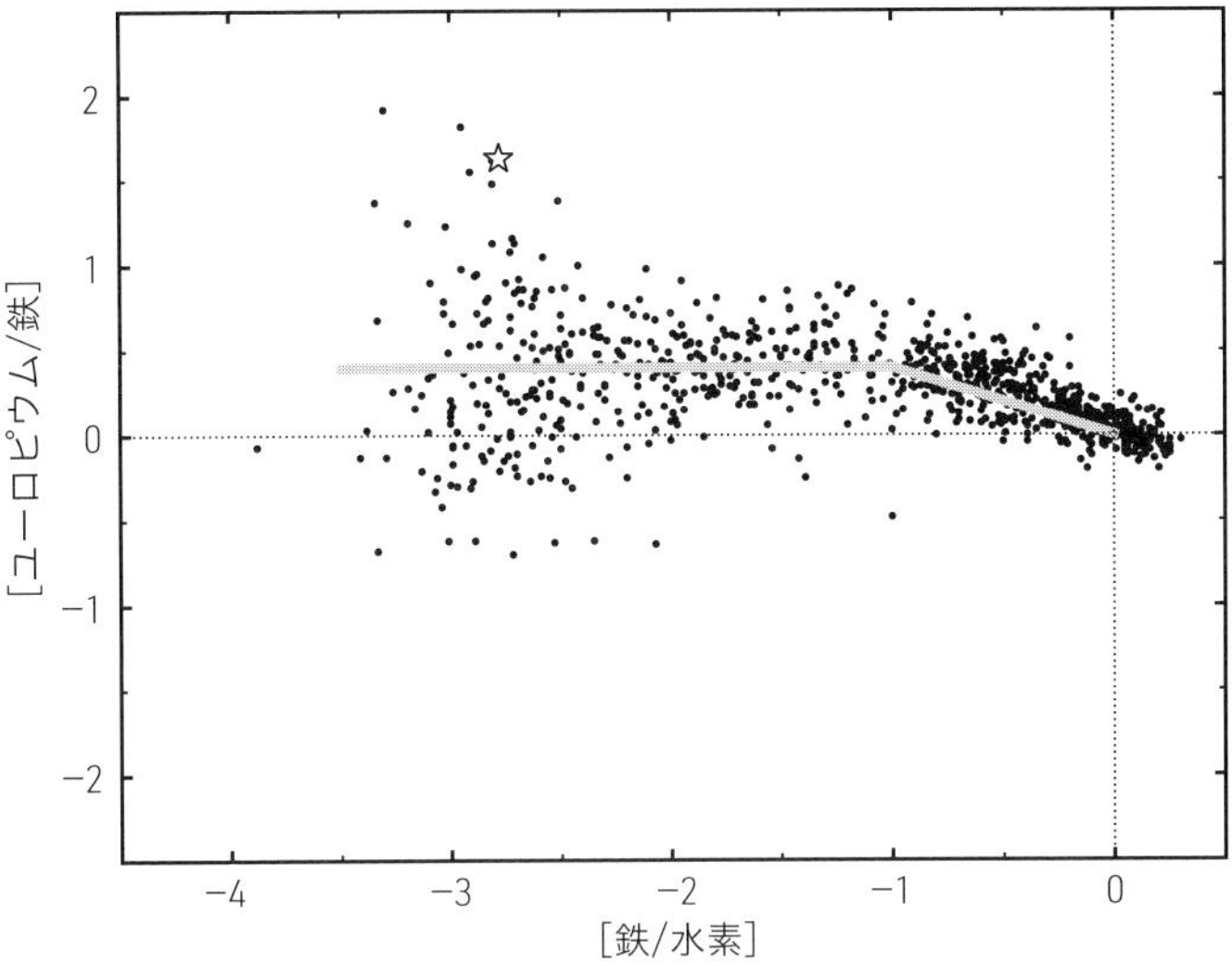

［図**6.10**］ **天の川銀河におけるユーロピウムの化学進化**
点の一つひとつが観測された星の元素組成を表す。縦横の点線は太陽系の値、グレーの線はユーロピウム/鉄のおおよその進化経路を示す。星印は図6.9の星。観測データはSAGAデータベース（http://sagadatabase.jp）より引用。

図6・10がユーロピウムの銀河化学進化図だ。観測された星の数は860個ほどである（マグネシウムほど観測は容易でないため、少なめだ）。［鉄／水素］が−1から0に増加するにつれて［ユーロピウム／鉄］が減少している点は、マグネシウムの銀河化学進化図と同じだ。先ほどと同様に、Ia型超新星の影響であると解釈できる。［鉄／水素］が−1から−3に減少するにつれて、［ユーロピウム／鉄］のばらつきが大きくなるのが目につく。［鉄／水素］が−3のあたりの星々では、［ユーロピウム／鉄］は−1から2まで（つまり、ユーロピウム／鉄が太陽系の値の10分の

1から100倍まで）広く分布している。じつに3桁ものばらつきがあるのだ。図6・8で「マグネシウム／鉄」の値がほぼ1桁以内に収まっていたのとは対照的である。「ユーロピウム／鉄」が1より大きい星がrプロセス星とよばれている。図6・9のrプロセス星では、ユーロピウム／鉄が太陽系の値の43倍にもなる（図6・10の星印）。そして「鉄／水素」が−3より小さい領域には、ユーロピウムが観測された星はあまり存在しない。

　ユーロピウムの銀河化学進化図をもとにして、最初にrプロセス元素の起源と考えられたのは、中性子星合体ではなく質量の小さい重力崩壊型超新星だった。それは、次のような理屈である。

　たとえば、太陽質量の8倍程度の超新星がrプロセス元素の起源であるとしよう。それらが爆発してユーロピウムを放出するより前に、より重い（寿命の短い）星々の爆発によって、「鉄／水素」が−3くらいにまで上昇してしまう。「鉄／水素」が−3より小さいところにrプロセス星があまり見つからない理由は、このように解釈できる。そして、太陽質量の8倍程度の星が爆発してユーロピウムをまき散らすと、その周辺で新たに誕生する星々の「ユーロピウム／鉄」の値は高くなるだろう。他方、より重い星が爆発してもユーロピウムは放出されないので、その周辺で生まれる次世代の星たちの「ユーロピウム／鉄」の値は小さくなる。こうして「ユーロピウム／鉄」の値の大きなばらつきが生じる。そして、銀河のガスにふくまれる重元素の割合が増えるにつれて、個々の超新星がおよぼす影響は小さくなっていく。すなわち、「鉄／水素」の増加とともに「ユーロピウム／鉄」の値のばらつきは小さくなる。

このように、ｒプロセス元素の起源が低質量の重力崩壊型超新星だと考えれば、ユーロピウムの銀河化学進化図は説明できてしまう（ただし、この場合は、超新星の周辺で次世代の星が生まれると仮定している）。これが、超新星説が長いあいだ支持され続けた理由のひとつだった。

なぜ中性子星合体説は支持されなかったのか？　それは、このユーロピウムの銀河化学進化図をうまく説明することができなかったからだ。というのも、二つの中性子星の連星ができてから合体するまでに、1億年ほど待たなくてはならない。当時の銀河化学進化モデルでは、最初に中性子星合体が現れる頃には、［鉄／水素］は−2くらいまで上昇してしまう――［鉄／水素］＝−3くらいの星々にユーロピウムが観測されている事実に反する。こうして、中性子星合体説は長らく表舞台から姿を消してしまった。

バリウムの銀河化学進化――ｓプロセス元素の起源

ここで、ｓプロセス元素の銀河化学進化についても見ておこう。

第5章で見たように、原子番号56のバリウムは代表的なｓプロセス元素であり、太陽系元素組成でのｓプロセス比は85パーセントにもなる。ここでは、［バリウム／鉄］の代わりに［バリウム／ユーロピウム］の銀河化学進化を見てみることにしよう（**図6・11**。バリウムとユーロピウムの両方が観測されている星は330個程度）。こうすると、ｓプロセス元素の銀河化学進化が

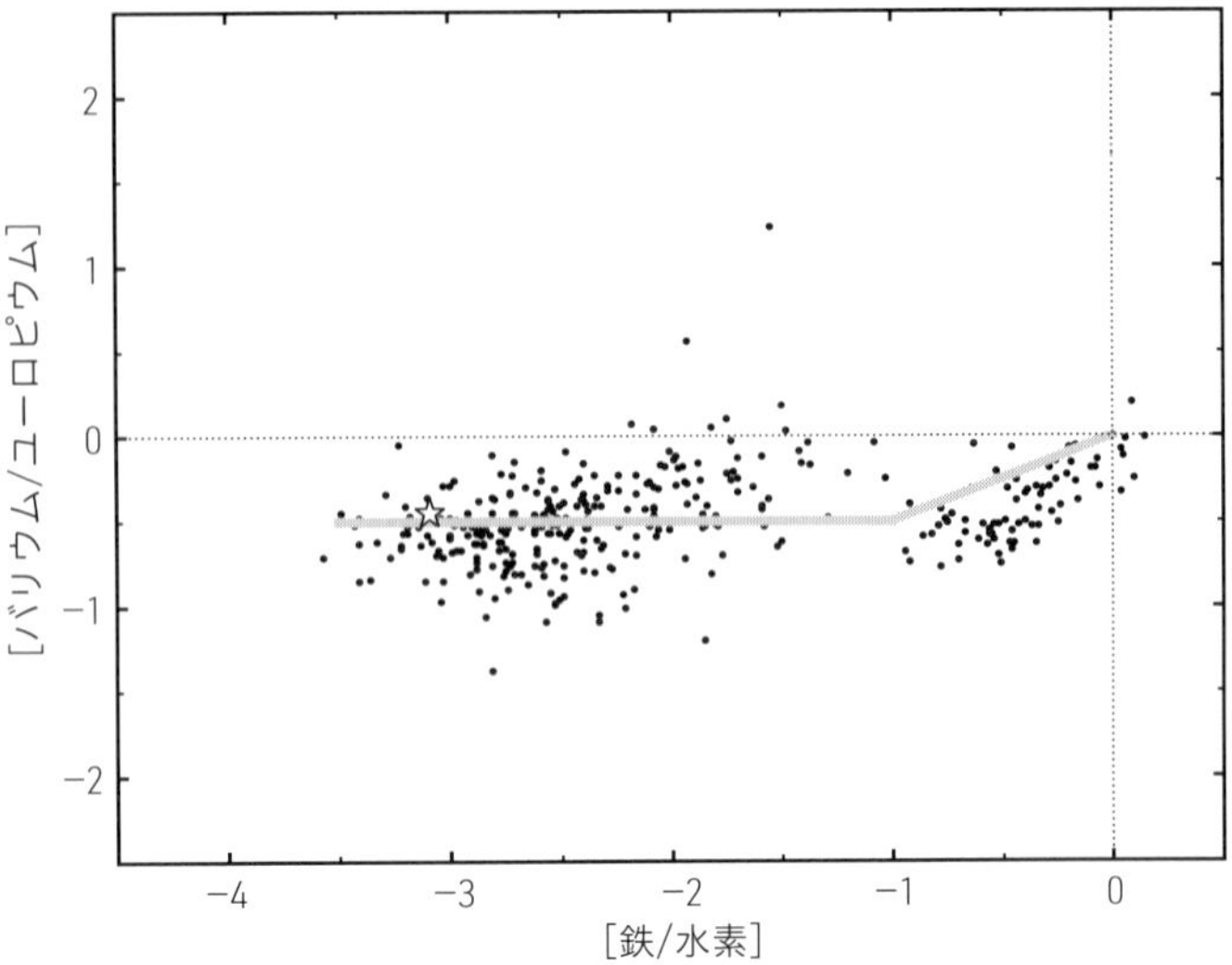

［図**6.11**］ **天の川銀河におけるバリウム/ユーロピウムの化学進化**
点の一つひとつが観測された星の元素組成を表す。縦横の点線は太陽系の値、グレーの線はバリウム/ユーロピウムのおおよその進化経路を示す。星印は図6.9の星。観測データはSAGAデータベース（http://sagadatabase.jp）より引用。

じつによく理解できる（［バリウム／ユーロピウム］の値が0より大きい星たちは少数派なので、気にしないことにしよう）。

sプロセスを起こすような、太陽の1・5〜3倍程度の質量をもつ星の寿命は10億〜40億年程度である。そのような星が寿命を終える頃には、銀河の［鉄／水素］はすでに−1程度にまで上昇している。［鉄／水素］＝−1あたりから［バリウム／ユーロピウム］が上昇をはじめるのはそのためだ。

［鉄／水素］がそれより小さいところで、［バリウム／ユーロピウム］の値がほぼ一定の範囲に収まるのはなぜだろう？　太陽系で

はｓプロセス元素の代表であるバリウムだが、この頃はまだｓプロセスの影響が現れていない。つまり、そのバリウムはｒプロセスによってつくられたものだ。そしてｒプロセスにはユニバーサリティーがあるから、［バリウム／ユーロピウム］もほぼ一定になるのである。

このようにして、ｓプロセス元素が低質量の星でつくられたこと、そして銀河の初期にはすべての中性子捕獲元素がｒプロセスによりつくられたことがわかってしまうのだ——たった一枚の銀河化学進化図によって。

階層的構造形成モデル——天の川銀河はミニ銀河の合体によってつくられた

じつは、これまでの銀河化学進化モデルには暗黙の仮定があった——天の川銀河ははじめから現在に至るまで、ひとつの一様なシステムであるというものだ（**一様モデル**とよぼう）。この仮定は妥当といえるだろうか？　実際のところ、銀河はどのように形成されたのだろう？

宇宙が存在を決めた直後のインフレーション——急激な空間の膨張——により、物質の**密度ゆらぎ**が生じた。そのわずかに密度が高い（つまり重力が強い）ところにガスが集まり、やがて星々が誕生した。時を同じくして、少数の星々やガスをふくむダークマターからなるミニ銀河（**ミニハロー**とよぼう）が宇宙のあちこちに誕生した。そのミニハローどうしは重力で引かれ合い、激しい合体を繰り返してより大きなハローへと成長し、やがて天の川銀河のハローのような大きなシステムが形成された。銀河円盤がつくられるのは、その後のことだ。

このような理論的考察にもとづいて提唱された銀河形成のシナリオ――**階層的構造形成モデル**――は、1990年代からのスーパーコンピューターを用いたシミュレーションにより具体的に描かれるようになった。宇宙における大局的な物質分布の時間変化は、宇宙初期の密度ゆらぎによってほぼ決まる。ゆらぎの分布は宇宙マイクロ波背景放射の観測によりわかっているので、このシナリオの大筋は正しいと考えていいだろう。要するに、天の川銀河がはじめから一つの大きなシステムだった、という一様モデルの仮定は正しくないのである。

なぜそれまでの銀河化学進化モデルは、そのような正しくない仮定にもとづいていたのだろう？　それはひとえに、モデルを単純化するためにほかならない。

どんな自然現象のモデルにも当てはまることだが、シミュレーションで現実を完全に再現することはできない。そこで、本質を損なわない程度にモデルを単純化するところからはじめるのだ。銀河はガス、星（その中には惑星状星雲、超新星、中性子星合体などの天体現象をふくむ）、ダークマターなどをふくむ非常に複雑なシステムだ。これらすべてを考慮したシミュレーションをおこなうのは簡単なことではない。銀河化学進化の場合は、最も簡単なモデルとして一様の銀河を仮定していたということだ。

それでも、一様モデルは一定の成功を収めていた。マグネシウムの銀河化学進化について思い出してみよう。二つの型の超新星の元素合成を考えるだけで、ごく自然に銀河化学進化図を説明

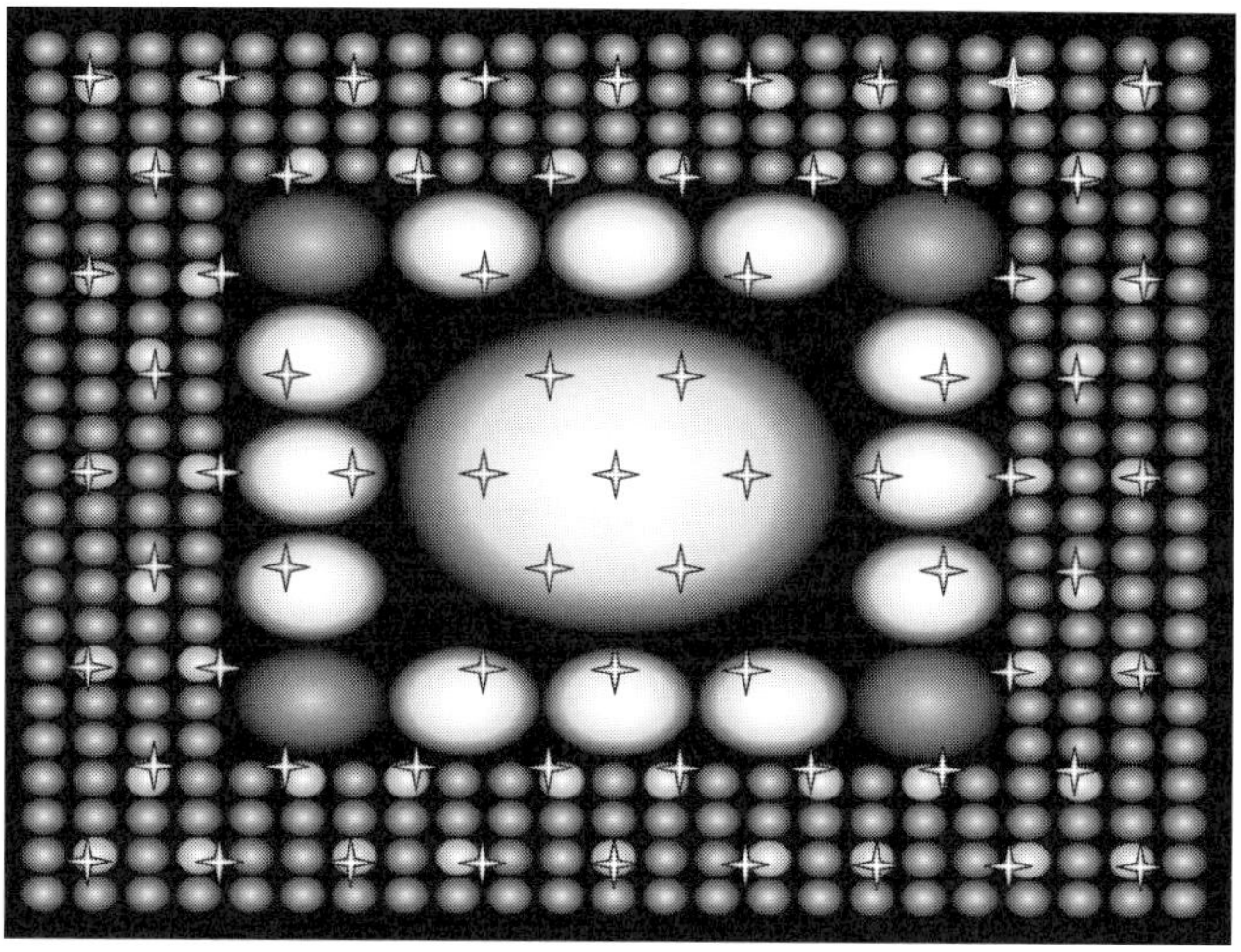

［図**6.12**］ **階層的構造形成モデルのイメージ**
サイズの異なる楕円はさまざまな大きさのハローを表す。小さいハローが合体を繰り返しながら成長する過程において、異なるサイズのハローの中で中性子星合体が起きる。大きいハローには多くの連星中性子星が存在するため、中性子星合体（星印で示されている）も起こりやすい。逆に、小さいハローには連星中性子星があまり多く存在しないため、中性子星合体はまれにしか起こらない。

できた。そしてユーロピウムの銀河化学進化図についても、rプロセス元素の起源が低質量超新星であると仮定すれば、説明できてしまうのだった。

銀河ハローが小さいハローの合体からできたことを考慮したら、どうなるのだろう？ここでは、最新の階層的構造形成モデルにしたがって説明しよう（**図6・12**）。

小さなハローでは重力が小さいので、ガスが凝縮しにくく、星も生まれにくい。すると、超新星爆発の頻度も低くなるので、［鉄／水素］が増加するのにより長い時間を要する。つまりハローのサイズによって、たとえば1億年後の［鉄／水素］の値は異なることになるので、一様モデルのように［鉄／水素］がそのまま時間を表すとは言えなくなる。

計算によると、小さいハローでは、1億年たっても［鉄／水素］＝−3.5くらいにしかならない。つまり、［鉄／水素］が−3より小さくても中性子星合体は起きうるということだ。とはいえ、超新星爆発が起こりにくいということは中性子星も生まれにくいということなので、中性子星合体も起こりにくい。中性子星合体が起きるのは、数百個もある小さいハローのうちたかだか数十個（10パーセント）にすぎない。そして、ひとたび中性子星合体が起きてユーロピウムが放出されると、ガスの量が少ないので［ユーロピウム／鉄］＝2くらいにまで上昇する。たとえば、締め切った狭い部屋（小さいハロー）でカレーを食べると、たちまち部屋じゅうにカレーの匂い（ユーロピウム）が充満してしまうのと同じことだ。このように、rプロセス星は小さいハローの中で誕生したと考えられる。

他方、合体により成長した大きいハローでは、1億年たつ頃には［鉄／水素］＝−2.5くらいにまで上昇する。超新星爆発の頻度が高く、すべて（数個）の大きいハローで中性子星合体が起きるものの、ガスの量が多いために［ユーロピウム／鉄］＝−1くらいにしかならない。中サイズのハローは、大小ハローの中間の進化をたどる。このようにして、銀河化学進化図（**図6・10**）の［鉄／水素］＝−3付近に見られる［ユーロピウム／鉄］の大きなばらつきは説明できる。

小さいハローでは、中性子星合体が起きてユーロピウムが放出されるのはせいぜい1回なので、時間がたって［鉄／水素］が増加するとともに、［ユーロピウム／鉄］は下降する一方だ。他方、大きいハローでは、中性子星合体が繰り返し起こりユーロピウムが供給され続けるので、［ユーロピウム／鉄］はゆるやかに増加する。こうして、［鉄／水素］の増加とともに［ユーロピウム／鉄］のばらつきは減少して、ほぼ一定の範囲に収束していくことになる。

以上はまさに、天の川銀河のユーロピウムの化学進化に見られる特徴そのものだ。このように、より現実的な階層的構造形成モデルによれば、中性子星合体がｒプロセス元素の起源であると仮定しても、なんら矛盾は生じないのである。

もう一度マグネシウムの銀河化学進化図（図6・8）を見てみよう。なぜこれまで一様モデルが成功を収めていたかが理解できるだろう。銀河ハローのもとになったハローのサイズによって［鉄／水素］の増加する速さやそこにふくまれるガスの量が異なっても、重力崩壊型超新星が放出する［マグネシウム／鉄］の値がほぼ一定であることに変わりはない——一様モデルでも階層的構造形成モデルでも結果は変わらないのだ。そして、銀河円盤ができてIa型超新星が鉄を供給しはじめる頃には、ミニハローの合体により銀河ハローはすっかりできあがっている。この段階で、一様モデルと階層的構造形成モデルのちがいはほとんどなくなってしまうのである。

rプロセス銀河の発見——金でいっぱいの小さな銀河

階層的構造形成モデルを受け入れれば、中性子星合体説でも矛盾がないことはわかった。中性子星合体がrプロセス元素の起源であると言い切るには、さらなる証拠がほしいところだ。たとえば、小さいハローの中でrプロセス星が生まれたことを示す痕跡はないのだろうか。残念ながら、天の川銀河はすでに多くのハローが合体して混ざり合ったものなので、そこからすでに合体した一つのハローを選り分けることは不可能だ。

間接的にではあるが、その痕跡を調べる方法が一つある。天の川銀河のまわりにある矮小銀河たちがその対象だ。これらは天の川銀河のまわりをグルグルと回っているので、衛星銀河ともよばれる。中には天の川銀河の重力で潮汐破壊されているものもある。天の川銀河のまわりの矮小銀河の多くは、天の川銀河に飲み込まれずに取り残された小さいハローであると考えられる。これらを調べれば、何か手がかりが得られそうだ。

とはいっても、天の川銀河の外側にある銀河であり、それらを調べるのは容易ではない。このような矮小銀河にふくまれる遠くの星の元素が測定できるようになったのは、２０００年代に入ってからのことだ。矮小銀河の中には、わずか数千〜数万個の星からなる、極めて規模の小さいもの（**極小銀河**とよぶことにしよう）がこれまでに10個程度見つかっている。極小銀河の「鉄／

水素］の値は－2から－4——鉄の量が太陽系の100分の1から1万分の1——程度である。これらはまさに、銀河ハローのもとになった小さいハローの生き残りではないかと考えられる。

2015年以前に見つかった極小銀河に属する星々にはなぜか、rプロセス元素がほとんどふくまれていないことが知られていた。これは次のように解釈できる。極小銀河ではガスの量が少ないために、小さいハローの場合と同様に中性子星合体も起こりにくい。それまでに観測された極小銀河の中では、一度も中性子星合体が起こらなかったのだろう。

であれば、中性子星合体が起きた極小銀河が少しくらい存在してもいいのではないだろうか？極小銀河にふくまれるガスの量は少ないから、ひとたび中性子星合体が起きれば、そのガスは高い濃度のrプロセス元素で満たされ、多くのrプロセス星が誕生することになるだろう。そのようなrプロセス星でいっぱいの極小銀河（**rプロセス銀河**とよぼう）が見つかれば、銀河ハローのもとになった小さいハローでも、中性子星合体によってrプロセス元素がつくられたと言えそうだ。銀河ハローの超金属欠乏星の数パーセントがrプロセス星だったことを思い出せば、階層的構造形成モデルの場合と同様に、極小銀河の10個にひとつくらいはrプロセス銀河であることが予想される。

そしてついに、そのrプロセス銀河が見つかったのである。2015年に発見された、私たちから10万光年ほどのところにあるレチクル座Ⅱという極小銀河だ。レチクル座Ⅱにある9個の星の元素組成を解析したところ、そのうち7つにrプロセス元素が存在することが明らかにされたのだ。そして、その［ユーロピウム／鉄］の値は2前後にもなることがわかった。まさに銀河ハローのrプロセス星と同じくらいだ。さらに、その7個の星のrプロセス元素のパターンは、太陽系のrプロセス元素組成に驚くほど一致した——すなわちrプロセスのユニバーサリティーも確認されたのだ。このことから、現在の銀河ハローに見られるrプロセス星は、かつて存在した小さいハローにその生い立ちを求めることができるといえるだろう。

どうやら、最初に低質量の超新星がrプロセス元素の起源であると結論されたのは、あまりに単純化しすぎた一様モデルによりもたらされた誤った帰結だったようだ。天の川銀河や（rプロセス銀河をふくむ）極小銀河の観測結果は、より現実的な階層的構造形成モデルの枠組みで説明できる。したがって、rプロセス元素の起源も中性子星合体である可能性が極めて高いと言って差し支えないだろう。

私たちはどこへ行くのか

こうして、私たちの体をつくる元素や身のまわりにある元素が地球上に存在するのは、星とガスのライフサイクル——銀河化学進化——によるものであることが明らかになった。すなわち、私たちの体にはこれまでの宇宙の歴史が凝縮されているのだ。

第3章に見たように、約70億年後、私たちの住む地球は赤色巨星と化した太陽に飲み込まれてしまうかもしれない。その頃には天の川銀河もすっかり変わり果てた姿になっていることだろう。現在、アンドロメダ銀河は秒速100キロメートルもの速さで天の川銀河に近づいている。いまから約50億年後に二つの銀河は接触し、一度はすれ違うものの、その後Uターンして衝突を繰り返す。そして70億年後くらいまでにはスパイラルアームの構造がすっかり失われ、一つの大きな楕円銀河になってしまうだろう。太陽や地球がアンドロメダ銀河の星々とぶつかることはなさそうだが、太陽を回る地球の軌道が少しずれるくらいのことはあるかもしれない。

そのとき、いま私たちの体をつくっている元素はどうなってしまうのだろうか。私たちが生涯を終えたとき、そのからだは火に焼かれ、大半は二酸化炭素（炭素と酸素）として大気に加わり、残りは骨（カルシウム）として地上に残される。70億年後にそれらの元素が地表近くにあるのか、気象、生命活動、大陸移動などの大規模な物質の循環を通して海底や地中深くに沈み込んでいるのかはわからない。

もし地球が太陽に飲み込まれることがなければ、地球は私たちの墓場として、ゆっくりと光を失っていく太陽のまわりを静かに回り続けることになる。

もし地球が太陽に飲み込まれたらどうなるのだろう？　地表近くの物質は蒸発し、ガスとの摩擦でエネルギーを失い太陽のコアに近づき、潮汐破壊により粉々になってしまう（第3章参照）。そして、惑星状星雲のガスに混じって星間空間へと飛び出し、長い旅路につくことになるだろう。

私たちは星屑から生まれて、やがてまた星屑に帰る——そして遠い未来の星の新しい生命へと紡がれていくのかもしれない。

第7章

中性子星合体が見つかるまで
——星たちが奏でる重力波のメロディー——

金、プラチナやレアアースなどのｒプロセス元素は中性子星合体でつくられた可能性が高いものの、そう断言するには決定的な証拠に欠けていた。２０１７年8月17日、ついにそのベールがはがされることになる。重力波の観測によって中性子星合体が発見されたのである。その観測結果によると、どうやら中性子星合体でｒプロセスが起きたらしいのだ。その詳しいいきさつについては本章の後半で紹介することにして、まずは重力波について理解することを目指そう。

重力は時空のゆがみが生みだしている

アイザック・ニュートンにまつわる逸話で知られるように、林檎が木から落ちるのと地球が太陽のまわりを回っているのは、どちらも同じ力——重力——がそれぞれの物体にはたらいているからである。質量をもつ物体どうし（林檎と地球、または地球と太陽）は重力により引かれ合う。それでは、なぜ重力が生じるのだろう？

アインシュタインが１９１５年に発表した**一般相対性理論**によれば、重力は物質（質量）がつくる**時空**のゆがみによって生じる。時空とは時間と空間をまとめた呼称である。時間が入ると話がややこしくなるので、ここでは空間のみのゆがみについて考えてみよう。

物質は何であれ質量をもつ。そしてその質量によって、まわりの空間がゆがむのだ。したがって、質量をもつ私たちのまわりの空間も、わずかながらゆがんでいるということになる。

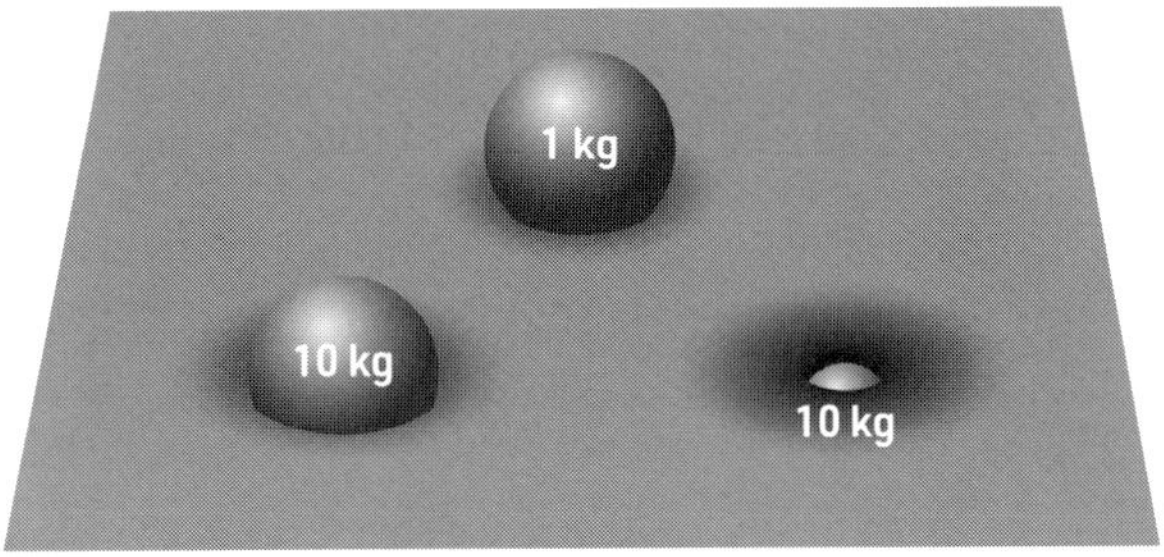

［図**7.1**］ **重力による空間のゆがみのイメージ**
3次元空間の代わりに2次元空間（ゴムシート）で類推する。質量の異なる球をゴムシート上に置くと、質量のより大きい球のまわりでより大きく空間がゆがむ（沈み込む）。また、質量が同じで半径の異なる球の場合は、半径の小さい球のほうがより深く沈み込む。

空間のゆがみと言われてもピンとこないかもしれないので、平面のゆがみから類推してみよう。たとえば平らなベッドの上に腰かければ、体重のせいでベッドがすこし沈み込む。同様に、平らなゴムシートの上に球を置くと、ゴムシートはすり鉢状に沈み込む（**図7・1**）。空間のゆがみとは、この平面の沈み込みのようなものだ。

では、物体が二つあるとどうなるだろう。ゴムシートの上に質量の異なる同じ大きさの二つの球を置くと、質量が大きいほうの球がより深く沈み込む。また質量が同じで大きさの異なる二つの球を置くと、小さい球のほうが深く沈み込む。つまり質量が大きいほど、またサイズが小さいほど沈み込みが大きい。そして二つの球を近くに置けば、それぞれの沈み込みに引かれ合って二つの球は接近する。これが重力のイメージだ。

二つの球を林檎と地球に置き換えてみよう。地球は林檎よりはるかに大きな質量をもつので、地球の沈み

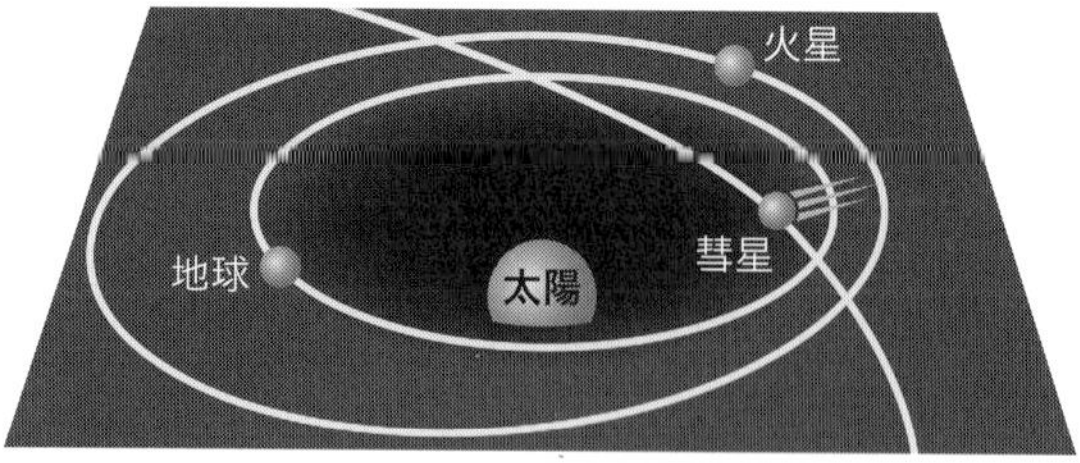

［図7.2］太陽の重力によりゆがんだ空間の中で運動する惑星
3次元空間の代わりに2次元空間（ゴムシート）で類推する。

込みに比べて林檎の沈み込みは無視できる。林檎はすり鉢状の坂を転げ落ちるように、地球に落ちていく。

太陽のまわりを回る地球についても同様に理解できる（**図7・2**）。地球の質量は太陽の30万分の1しかないので、太陽の沈み込みに対して地球の沈み込みは無視できる。地球が林檎のように坂を転げ落ちない（太陽に向かって落ちていかない）のは、地球が太陽のまわりをちょうどいい速さで回転しているからだ。この回転が速すぎても遅すぎてもいけない。速すぎると坂を上ってしまう、つまり太陽から遠ざかってしまうし、遅すぎれば落ちてしまうからだ。重力と遠心力がつり合うような一定の速さで回る必要がある。

以上は、太陽のまわりを回るすべての惑星に当てはまる。ただし、太陽からの距離によって、ちょうどいい回転の速さは異なる。太陽に近いほど沈み込みが大きいので、それとつり合うように内側にある惑星はより速く、外側にある惑星はよりゆっくりと回っているのである。

重力波は時空のさざなみである

ゴムシートの上に置いた球を動かすと、シートのゆがみ（沈み込み）も揺さぶられ、それが波のようにまわりを伝わっていく。**重力波**とは、このような物質の運動に伴って生じる時空のさざなみである。じつは、私たちが歩くだけでも重力波は生じている。太陽のまわりを猛スピードで回っている地球も、もちろん重力波の発生源である。しかしながら、私たちや地球が発する重力波は非常に弱く、測定することはできない。

アインシュタインは、一般相対性理論を発表した翌年の1916年、そのみずからの理論の基礎をなすアインシュタイン方程式に空間を光速で伝播する解――重力波――が存在することを見いだしていた。重力波は光と同じ速度で伝わるのだ。そして物体が速く動くほど、また物体の質量による時空のゆがみが大きいほど、強い（波の振幅が大きい）重力波が生じる。

あくまでも類推であることを念頭に置きつつ、再び空間をゴムシートになぞらえてみよう。太陽と同じ大きさで同じ質量の二つの星がお互いのまわりを回っているとき（つまり連星だ）、それぞれの星がつくる時空のさざなみがまわりに伝わっていく。しかしその重力波は小さすぎて、現在の技術で検出することは不可能だ。

それでは、太陽と同じ質量の白色矮星二つからなる連星の場合はどうだろう？　質量は同じでも、大きさが地球くらいしかないので、ゴムシートの沈み込みは大きくなる（図7・1参照）。また、星が小さいおかげで、お互いがより近づくことができる。距離が近いところでは沈み込みが大きい（お互いに引き合う重力が強くなる）ので、一定の距離を保つためにはより速く回らなければならない。つまり、二つの太陽の場合に比べて時空のゆがみも星が回転する速さも大きいので、より強い重力波が放たれることになる。

同様に考えると、中性子星二つの場合は、それぞれの半径が10キロメートル程度しかないので、さらに強い重力波が放たれるはずだ。このような理由で、連星中性子星が重力波検出の最有力候補に挙げられるようになった。

光の波や音の波と同様に、重力波もエネルギーをもつ。二つの中性子星が近距離で回っていると、その公転のエネルギーは重力波の放出とともに減少し、互いに少しずつ近づいていく——そして衝突して一つになる。これが中性子星合体である。合体の際には、非常に強い重力波が生じると予想される。

ところでブラックホールの場合はどうだろう？　じつは、二つのブラックホールの合体はさらに強烈な重力波を放つ。それを理解するためには、ブラックホールの素性について知る必要がある。

ブラックホールには大きさがある

中性子星があまりにも素直な（ユーモアに欠ける）名称であるのとは対照的に、**ブラックホール**という名にはなんとも魅惑的な響きがある。この本を読むまで中性子星なんて知らなかったという方も多いと思うが、ブラックホールという語を一度も見聞きしたことがないという読者はいないだろう。ちなみに、中国語ではブラックホールのことを「黒洞」と表記する。ブラックホール研究の礎となる一般相対性理論と同じ1915年に発表された、芥川龍之介の小説『羅生門』――その印象的なラストシーンが「黒洞々《こくとうとう》たる夜」と描写されているのは、偶然とはいえ興味深い。

その名から連想するのは、ブラックホールは何でも吸い込んでしまうから怖い、というような漠然としたイメージかもしれない。現実には、ブラックホールはそこに近づきすぎない限り怖い存在ではない。ありえない例ではあるが、もし太陽がいまブラックホールになったとしても、私たち、あるいは地球がそこに吸い込まれてしまうことはない。太陽からの光は失われてしまうものの、地球は何事もなかったかのようにそのブラックホールのまわりを回り続けるはずだ。

ブラックホールの実体は粒子レベルの極小な存在であると考えられる（ほんとうのところはよくわかっていない）。そこにすべての質量が凝縮されている。それとは別に、ブラックホールには便宜上の大きさというものがある。ふたたび先ほどのゴムシートの例で考えてみよう。

ゴムシート上では、太陽より中性子星のほうがずっと深く沈み込む。つまり中性子星付近では、太陽の場合に比べてゴムシート上の2点間（ある点とより星に近い点）の距離がより大きく引き伸ばされている。ゴムシートの例が3次元空間を平面になぞらえたイメージであったことを思い出そう。3次元空間の場合、中性子星付近ではその非常に強い重力のせいで、ゆがみがない場合に比べてより多くの空間がぎゅっと詰まっているということになる。

ブラックホールの場合はどうだろう？　星の半径をさらに小さくしていくと、ゴムシート上の沈み込みはさらに深くなっていく。そしてある半径に達すると、沈み込みが限りなく深くなってしまう（**図7・3**）。そこからは、もはや何も――光さえも――脱出することはできない。光の速さは宇宙で最速であるが、その速さをもってしても、限りなく凝縮された空間を抜け出すには限りない時間がかかるからだ。

一般相対性理論が発表された翌年の1916年、カール・シュバルツシルトが、静止した球対称な時空についてアインシュタイン方程式の解を導いた。その解から得られたのが、前述の光さえも脱出できない領域の半径である。発見者にちなんで**シュバルツシルト半径**とよばれる。ブラックホールの実体は粒子レベルの大きさであるとしても、通常はシュバルツシルト半径の球を便宜上のブラックホールの大きさとみなす。シュバルツシルト半径の内側からは何も出てこられないので、私たちがその領域の様子を知ることはできないからだ。

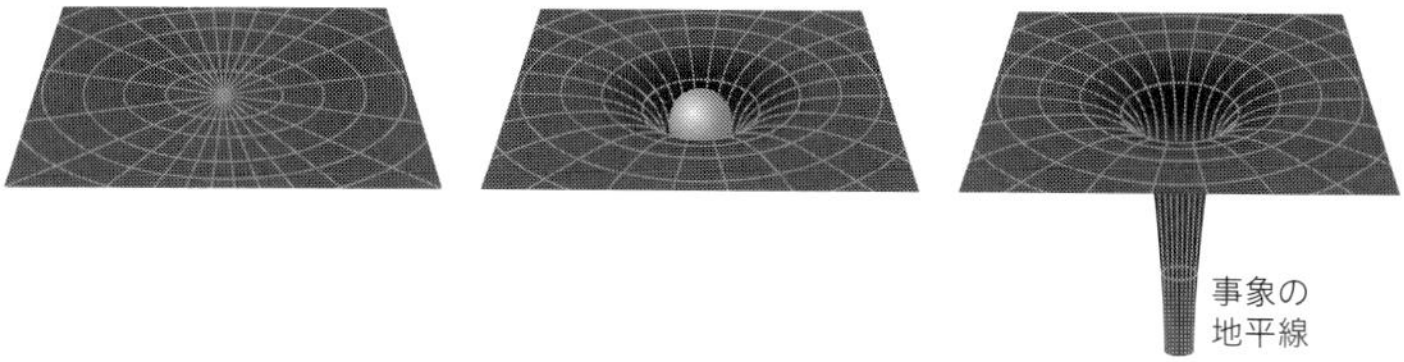

［図7.3］ ブラックホールがつくる空間のゆがみのイメージ
3次元空間の代わりに2次元空間（ゴムシート）で類推する。ゴムシート上の球の質量が同じでも、その半径を小さくしていくとより深く沈み込む。そしてついにそこからは光さえも脱出することができなくなる半径（シュバルツシルト半径、または事象の地平線）に行き着く。

物体の内部の様子を知るには、そこから出てくるなんらかの情報が必要だ。たとえば、私たちが太陽の内部についてある程度理解できているのは、太陽が発する光やニュートリノから得られる情報のおかげであり、地球の場合は、内部を伝播して地表に届く地震波により得られる情報のおかげである。シュバルツシルト半径は、私たちの住む世界と私たちが知ることのできない領域を隔絶する境界であることから、地上の私たちが見渡すことができる限界——地平線——になぞらえて、**事象の地平線**とよばれる（ブラックホールの場合、実際には線ではなくて面なので、**事象の地平面**ともいう）。

シュバルツシルト半径はブラックホールの質量に比例する。もし太陽がブラックホールになったとしたら、そのシュバルツシルト半径は3キロメートル程度である。また、地球の質量は太陽の30万分の1程度であるから、ブラックホールになった場合のシュバルツシルト半径は9ミリメートル程度だ。仮に地球を一円玉より少し小さいサイズにまで無理やりつぶしてやれば、ミニブラックホールができあがることになる。もちろん、現実に太陽や地球がブラックホールになることはないので、心配しなくても大丈夫だ。

太陽や地球の半径はそのシュバルツシルト半径よりはるかに大きいので、ブラックホールの場合に比べればその表面付近の時空のゆがみ（ゴムシートの沈み込み）は無視できるほど小さい。中性子星の場合はどうだろう？　これまでに観測されている中性子星の質量は太陽の1〜2倍程度なので、そのシュバルツシルト半径は3〜6キロメートルである。中性子星の半径はその質量によらずに10キロメートル程度、すなわちシュバルツシルト半径の2〜3倍程度なので、中性子星表面付近の時空のゆがみは非常に大きいものの、ブラックホールのそれにはおよばない。ブラックホールは宇宙で最も大きな時空のゆがみを生みだす天体なのだ。

ブラックホールのつくり方——非常に重い星の最期

ブラックホールはどのようにしてできるのだろう？　太陽質量の8倍より重い星は最期に超新星爆発を起こして、中性子星を残すのであった。ところが、非常に重い星の場合は、爆発時に中性子星の重力圏から脱出し損ねた物質が再び中性子星の表面に降り積もり、その質量が増加する。第5章で見たように、中性子星には限界質量（太陽質量の2〜3倍）が存在し、それを超えると中性子星はさらに重力崩壊を起こす。もはや重力に逆らって圧力を生みだす術がないので、中性子星はついに極小のサイズにまでつぶれてしまう。ブラックホールの誕生である。鉄コアの質量が中性子星の限界質量を超えている場合は、中性子星を経由することなく、直接ブラックホールに崩壊する。太陽質量の20〜30倍以上の星がこのような運命をたどると考えられている。

映画やSF小説でしばしば登場するブラックホール。いま説明したとおり、理論的にはその誕生メカニズムを説明できたが、そんな奇妙な天体が本当に存在するのだろうか？　もし存在したとしても、光を発することのないブラックホールを観測する術はあるのだろうか？　じつは、1970年代からブラックホールの存在は間接的に確認されていた。

星の半分くらいは双子として生まれる、つまり連星であることを思い出そう。第5章で紹介したとおり、連星をなす中性子星は隣の星のガスを吸い寄せ、降着円盤をもつX線パルサーとなることがある。ブラックホールが連星をなす場合も、同様の現象が起こる。近接した連星の一方の星が非常に重く、生涯の最期にブラックホールを残した場合には、他方の星の表面の水素やヘリウムなどのガスが重力により引き寄せられ、降着円盤がつくられる。重力で圧縮されたガスは、ブラックホールに落ち込むとき、摩擦により温度が上昇して強いX線を放射する。このような天体は**ブラックホールX線連星**とよばれる。

その候補として最初に発見されたのは、はくちょう座X―1という天体であり、可視光で輝く太陽質量の30倍の星をふくむ連星系をなしている。シリウスBや系外惑星が発見されたのと同様に（第3章参照）、その可視光で見える星の運動から、見えないもう一つの天体の存在が明らかになった。その天体の質量は太陽の10倍程度であり、中性子星の限界質量をはるかに上回るので、ブラックホール以外にはありえないであろう。

はくちょう座X—1以降、天の川銀河には数十ものブラックホールX線連星が発見されている。推定されたブラックホールの質量は太陽質量の5〜20倍程度である。これらのブラックホールのシュバルツシルト半径は15〜60キロメートル程度ということになる。中性子星よりは少し大きいものの、一つの都府県の面積に収まる程度のサイズだ。中性子星の限界質量に近い太陽質量の2〜3倍のブラックホールはなぜか見つかっていない。今後の観測で見つかるのか、あるいはなんらかの理由で存在しないのかは、いまのところ不明である。

本章で登場するのは太陽質量の数倍〜数十倍のブラックホールであるが、第6章で見たように、銀河の中心には**超大質量ブラックホール**が存在する。たとえば、天の川銀河の中心には太陽質量の400万倍、楕円銀河M87の中心には太陽質量の65億倍もの超大質量ブラックホールが存在する。これらのシュバルツシルト半径はそれぞれ1200万キロメートルおよび200億キロメートルにもなる。後者は太陽系のサイズよりも大きい（太陽を回る地球の軌道の約130倍）。このような超大質量のブラックホールがどのように形成されたかは、よくわかっていない。

超大質量ブラックホール自体は光を発しないが、2019年に初めてその姿がとらえられた。電波望遠鏡の観測データに画像処理を施すことにより、光の中にたたずむブラックホールがつくる影の画像が得られたのだ。これは、人類が初めて見たブラックホールの姿と言っていいだろう。

ただし、このような方法が適用できるのは、サイズの極めて大きい超大質量ブラックホールに限られる。

連星ブラックホールの合体——双子のさえずりを聴く

ふつうの（超大質量ではない）ブラックホールの存在を直接確認することはできないのだろうか？　光で見ることができなくても、もし双子のブラックホール——**連星ブラックホール**——が存在すれば、そこからは強い重力波が放出されるだろう。ブラックホールは最も大きな時空のゆがみを生みだす天体なので、連星ブラックホールの合体は中性子星合体よりもさらに強い重力波を発するはずだ。

それにもかかわらず、重力波検出の最有力候補は中性子星合体であった。重力波の観測が本格的にはじまる頃までに、天の川銀河には10例程度の連星中性子星が見つかっていたからだ。それらの公転周期が減少している、すなわち二つの中性子星が互いに近づいていることがわかっているから、いずれ合体するのは間違いない。宇宙には無数の銀河があるので、どこかの銀河でいままさに中性子星合体が起こっていたとしてもおかしくはない。

他方、それまで連星ブラックホールは見つかっていなかった。ともにブラックホールである場合は、ブラックホールX線連星のように光を発することがないので、探しようがなかったのである。それでも、理論的にその存在は予測されていた。双子の星がどちらも太陽の20～30倍以上の質量をもっていれば、それらが生涯を終えたときに、二つのブラックホールからなる連星が残されることもあるだろう。

2015年9月14日、アメリカのLIGO重力波天文台により、13億光年のかなたから届いた重力波が検出された(**図7・4**)。人類が初めて重力のさざなみをとらえた瞬間である。このとき、わずか0・2秒のあいだに、重力波の周波数は35ヘルツから260ヘルツ程度にまで急上昇した。これは、合体の瞬間に二つのブラックホールが互いのまわりを1秒あたり130回まわっていた——光速の60パーセントというものすごいスピードで合体した——ことを意味する。サイズの大きいブラックホールほど、すなわち質量の大きいブラックホールほど早いタイミングで(より周波数が低いうちに)接触して合体するので、そのとき発せられる重力波の周波数からブラックホールの質量がわかる。推定された二つのブラックホールの質量は、それぞれ太陽質量の36倍と29倍だ。この結果は驚きをもって迎えられた。それまでにブラックホールX線連星の観測から推定されていたブラックホールの質量は、最大でも太陽質量の20倍程度であったからだ。

図7・4に、一般相対性理論から予測される、太陽質量の36倍と29倍の二つのブラックホールがつくる空間のゆがみの時間変化が示されている(上図と中図の細線)。観測された重力波から再現されたゆがみと驚くほど一致しているのがわかるだろう。二つのブラックホールが近づくとともに回転の周期が短くなり(つまり、周波数が高くなり)、ゆがみが大きくなっていく様子が見て取れる。そして、合体時にゆがみは最大になり、一つの大きなブラックホールになると、そ

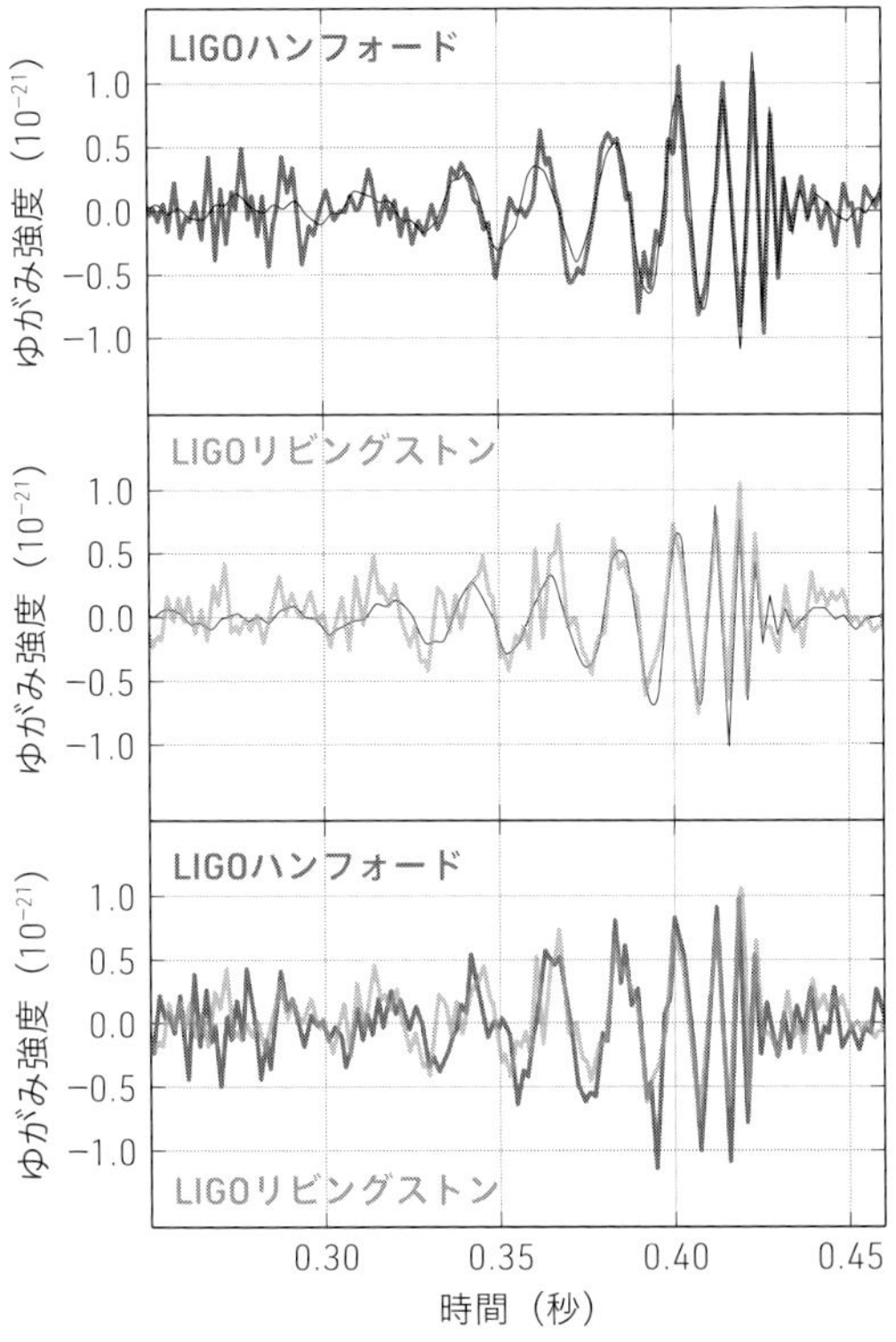

［図**7.4**］**LIGO重力波天文台による初めての重力波検出**
ゆがみ強度の時間変化を表す。上図、中図はそれぞれハンフォードおよびリビングストンの検出装置による結果（太線）。2つのブラックホール（それぞれ太陽質量の36倍と29倍）が合体した場合の理論的な計算結果（細線）とほぼ合致する。下図は2つの検出装置によるデータを（時間軸方向にずらして）重ね合わせたもの。
[Caltech/MIT/LIGO Lab]

のゆがみ――時空のさざなみ――が収まっていく。この合体後のブラックホールの質量は太陽質量の62倍であり、そのシュバルツシルト半径は180キロメートル程度になる。

合体前の二つのブラックホールの質量の和は太陽質量の65倍なので、計算が合わないと思うかもしれない。この不一致は、合体によって、太陽3個分に相当する質量が一瞬にして重力波のエネルギーへと変換されたことを意味する（図3・1のアインシュタインの式を思い出そう）。太陽がその生涯で生みだすエネルギー、あるいは超新星が爆発するときに生じるエネルギーが太陽質量の0・1パーセントくらいであったから、このブラックホール合体はじつにその数千倍ものエネルギーをわずか0・2秒のあいだに宇宙空間に放ったことになる。宇宙最大級の爆発現象と言っていいだろう。

ブラックホール合体の爆発は目に見えないが、人類はそれが生みだす時空のさざなみをとらえることができるようになった。アインシュタインが存在を予言してから100年後、ついに重力波が実在することが証明されたのだ。

ところで、重力波が時空のさざなみであるように、音は空気の伸縮の波として伝わる現象である。ブラックホール合体の際に生じる重力波の周波数（数十〜数百ヘルツ）は、音になぞらえれば人間の可聴域（20〜20000ヘルツ）に収まる。重力波の周波数を音波に置き換えれば、私たちはブラックホールの奏でるメロディーを聴くことができるのだ。急に上昇するその音のトーンは、「ピヨッ」という小鳥のさえずりに似ている。このことから、ブラックホール合体の際の

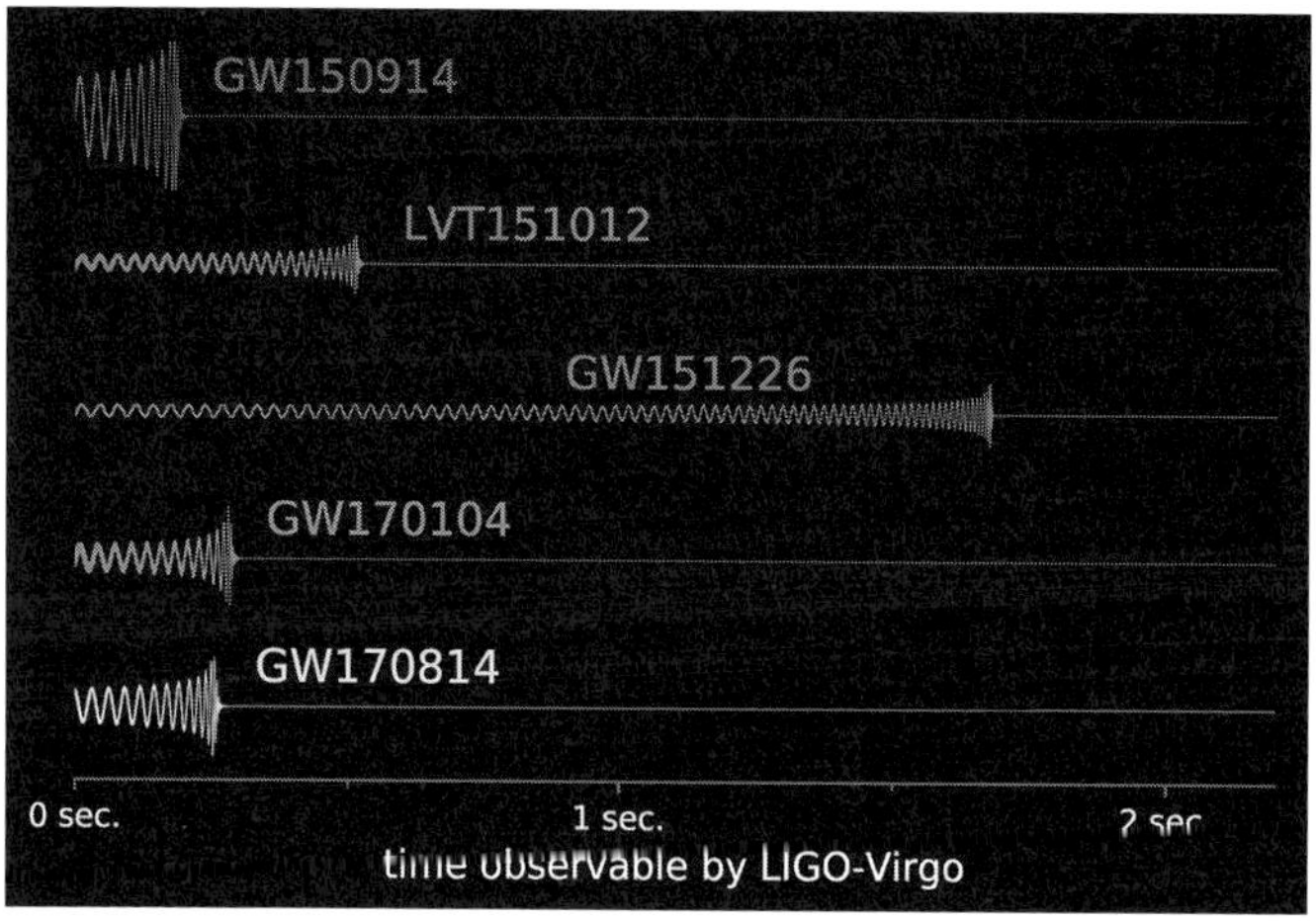

［図7.5］ さまざまなブラックホール合体によるゆがみ強度の時間変化
質量が小さいほど合体まで時間がかかり、周波数が高くなる。また、質量が大きいほど振幅が大きい。数字は重力波が検出された日を示す（たとえばGW150914は2015年9月14日に検出された）。
［LIGO/Caltech/MIT/University of Chicago (Ben Farr)］

重力波シグナルは**さえずり信号**（**チャープシグナル**）とよばれている。

最初の発見からわずか数年のあいだに、すでに数十例のブラックホール合体が発した重力波の検出が報告されている。その合体前の質量は太陽質量の8〜50倍くらいである。ブラックホールの質量が小さいほどサイズは小さいので、合体までに時間がかかり、周波数はより高くなる。つまりブラックホールの質量によってさえずりのトーンが異なるわけだ（**図7・5**）。小さいブラックホールほど高い声で、大きいブラックホールほど低い声でさえずる。それはあたかも多種多様な小鳥のさえずりを鑑賞しているようなものだろう。そしてそのさえずりを聞き分けることで、合体した二つのブラックホールの質量がわかるのである。

重力波天文台――極小のさざなみを捕まえる

最初に発見されたブラックホール合体は、超新星爆発の数千倍ものエネルギーに相当する非常に強い重力波――時空のさざなみ――を生みだした。13億光年もの距離を伝わるあいだに、その波は水紋が静まるように減衰していった。そしてLIGO重力波天文台で検出された**ゆがみ強度**は、わずか10のマイナス21乗である（図7・4）。仮に、地球から太陽までの距離に相当する1億5000万キロメートルの長さの物差しがあったとすると、その長さの変化が水素原子の大きさくらい（0・1ナノメートル程度）という、驚くべき小さなゆがみを検出したということだ。そのような極小のさざなみを、どのようにしてとらえることができたのだろうか？

天文台とは言っても、重力波天文台にはいわゆる望遠鏡があるわけではない。そこにあるのは、L字型に配置された同じ長さのアームからなる**レーザー干渉計**とよばれる装置である。レーザー干渉計は大学や研究所の実験室にもあり、それ自体はとくに珍しいものではない。しかしながら、重力波大文台にあるレーザー干渉計はそのサイズが桁違いに大きい。LIGO（**図7・6**）の場合はアームの長さが4キロメートル、すでにイタリアで稼働中のVirgoと、間もなく稼働予定の岐阜県神岡鉱山地下に建設されたKAGRAの場合は3キロメートルという、とてつもなく

［図**7.6**］ **アメリカのハンフォードにあるLIGO重力波天文台**
長さ4 kmのアーム2本をL字型に配置した巨大なレーザー干渉計からなる。もう一つはリビングストンにある。
［Caltech/MIT/LIGO Lab］

巨大な装置だ。太陽と地球の距離に対して水素原子1個分というわずかなゆがみをとらえるには、できる限りアームを長くする必要があるのだ。

重力波天文台では、定常的に大強度のレーザー光を照射している。そのレーザー光はビームスプリッターで二つのアームに導かれ、それぞれのアームの端に取り付けられた鏡で反射され、もとの位置に戻ってくる。そして二つの異なるアームを往復してきた光は同じ検出器に到達する。

第1章で見たように、光は波のようなものなので、その波の山と山がぴったり合うときは増幅されて明るくなる。逆に、波の山と谷がぴったり合うときは打ち消し合ってしまう。このような性質を**光の**

干渉という。

たとえば、二つのアームを往復して帰ってくる光の山と谷が合わさって、光が打ち消し合うように、あらかじめ調整しておくとしよう。すると、重力波がやってきて二つのアームの長さにずれが生じると、検出器に到達する光の山と谷がずれて明滅することになる。そしてその明滅の様子から、重力波の強度や周波数がわかるのである。

このように、レーザー干渉計では実際に長さの変化を測っているわけではなく、光の干渉の性質を利用することによって時空の極小のさざなみをとらえているのだ。とはいえ、重力波以外のわずかな振動によっても光の明滅は生じるので、あらゆるノイズを徹底的に除去しなければならない。まず、街中は騒音だらけでつねに振動が生じているので、人里離れた場所に建設しなければならない。地面から伝わるノイズのほかにも、熱により生じるものや光の量子力学的な性質から生じるノイズも抑えなければならない。たとえばKAGRAの場合は、地下1000メートルに建設することで地面からのノイズを抑え、そして超伝導で装置を極低温に冷やすことにより熱ノイズを低減するなどの工夫が施されている。重力波の検出は、まさに人類の英知の結集によりなしえた偉業と言えるだろう。

ショートガンマ線バースト——すでに答えは出ていたのだろうか？

そろそろ重力波のイメージもつかめてきたと思うので、いよいよ本命の中性子星合体の話に入ろう。中性子星合体の直接的な検出は2017年まで待たねばならないが、じつはそれらしきものは以前から知られていた。**ガンマ線バースト**とよばれる現象である。

ガンマ線バーストは宇宙で最もエネルギッシュな爆発として知られる（重力波もふくめれば、ブラックホール合体が放つエネルギーのほうが大きい）。なんらかの爆発現象によって、光速に近い速さで噴出するガスのジェットが生じる——それがガンマ線で輝き、その後、X線から可視光、そして電波へと波長が延びつつ次第に暗くなる**残光**を伴う。そのジェットが私たちのほうを向いているときに、それがガンマ線バーストとして観測されるのだ。ガンマ線は大気中の分子に散乱されて地表まで到達できないので、人工衛星を用いて観測されている。現在では年間1000例ほどのガンマ線バーストが見つかっている。

ガンマ線バーストが初めて発見されたのは1967年のことである。核爆発により生じるガンマ線を検出することで他国の核実験を監視する目的で打ち上げられたアメリカの人工衛星が、地上からではなく宇宙空間からやってくるガンマ線をとらえたのだ。どこかで映画『スター・ウォーズ』のような宇宙戦争が繰り広げられ、核爆弾が使われたのだろうか？　まじめにそう考えた天文学者はおそらくいなかっただろうが、その正体の手がかりが得られるまでには30年もの歳月を要した。しばらくのあいだは、それが天の川銀河の中で起きているのか、それともももっと遠くで起きているのかさえわからなかった。

そして1997年、ガンマ線バーストの残光スペクトルにふくまれる吸収線が赤方偏移していることが明らかにされた。これは、第2章で見たように、その残光を吸収したガスが宇宙膨張により猛スピードで私たちから遠ざかっていることを意味する。ガンマ線バーストは非常に遠方の銀河で起きていたのだ。

ガンマ線バーストには、**ロングガンマ線バースト**と**ショートガンマ線バースト**がある。二つのちがいはガンマ線で輝く時間の長さで、典型的にロングのほうは10秒くらい、ショートは0・1秒くらいである。前者は、その残光中に重力崩壊型超新星による増光の痕跡が見つかっていることから、質量の大きい一部の超新星に起源をもつことがわかっている。後者については直接的な証拠は得られていなかったものの、中性子星合体（またはブラックホール‐中性子星合体）がその起源であると考えられてきた。0・1秒という短い時間変動を生みだすことができるのは、小型の天体である証拠だ。それに加えて莫大なエネルギーを生じる爆発現象を起こすとなると、中性子星合体以外には候補がなかったのである。

ロング、ショートのいずれについても、ガンマ線バーストが生じるメカニズムはいまだに明らかにされていない。爆発の際に中心に生じるブラックホール（または超大質量中性子星）を取り

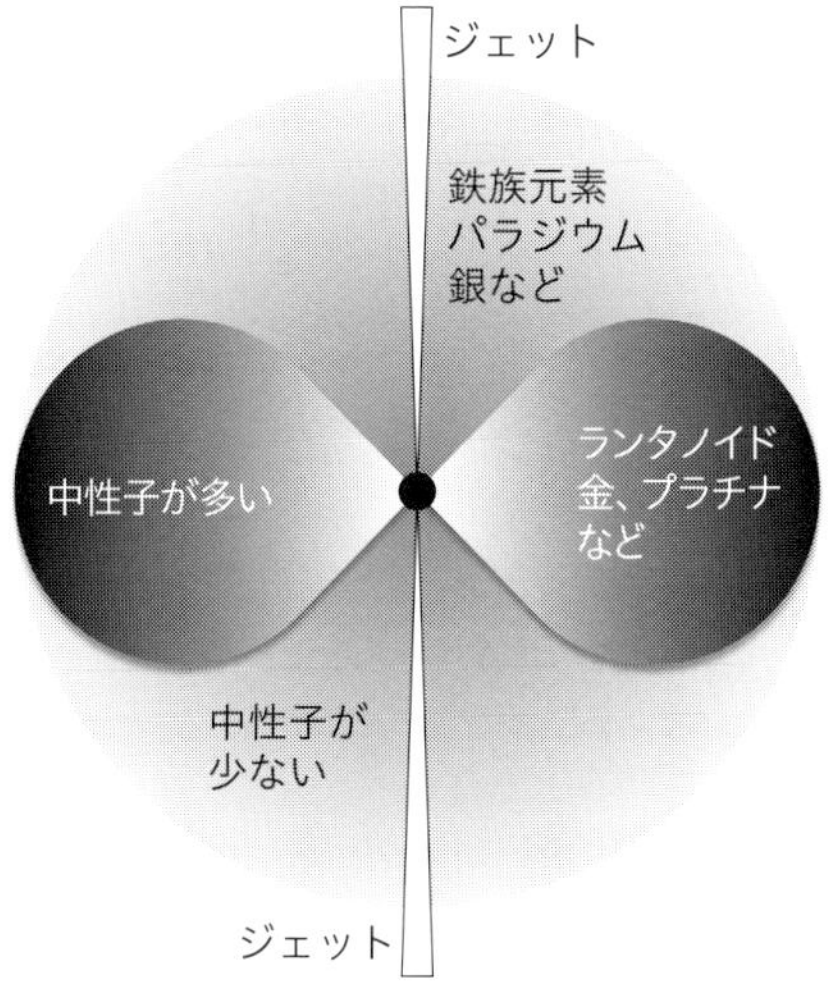

［図**7.7**］ **中性子星合体により生じるガンマ線バーストと千新星**
中心にブラックホール（または超大質量中性子星）が形成され、ただちに回転軸方向にガンマ線バーストのジェットが生じる。合体により放出された物質は光速の10〜30％の速さで膨張する。回転面方向は中性子が多いためにランタノイドや金、プラチナなどがつくられ、赤く光る。回転軸方向は中性子が少ないためにそれより軽い元素がつくられ、青く光る。

巻く降着円盤から、ニュートリノや磁気の影響でジェットが生じるのではないかと考えられている（**図7・7**）。

２０１３年6月3日に現れたショートガンマ線バーストは、新聞でも報じられ世間を騒がせることになった。ハッブル宇宙望遠鏡がその残光中に赤外線の増光をとらえたのだ。ロングガンマ線バーストの残光中に見つかった増光が超新星の光であったように、これは中性子星合体からの増光であると考えられる。さらに、可視光ではなく赤外線の増光が見られたことは、（後で説明するように）鉄より重い元素がつくられたことを示唆している。すなわち、中性子星合体がショートガンマ線バーストの起源であり、さらにｒプロセス元素の起源であると考えれば説明がつく。ただし、ハッブル宇宙望遠鏡による観測点がバーストから９日後の一つだけだったことや、ほかの要因による増光の可能性も指摘されていたことから、当時は異論も少なくなかった。いまになって考えれば、このときすでに限りなく答えに近づいていたのかもしれない。

中性子星合体の発見――圧巻の科学的成果

２０１７年8月17日、ＬＩＧＯ重力波天文台が1億３０００万光年のかなたからの重力波をとらえた。その合体の１００秒前、二つの中性子星がお互いのまわりを一秒間に10回転していたときから、その信号はモニターされていた（**図7・8**）。モニター開始時点（合体の１００秒前）では、二つの中性子星は４００キロメートルほど離れていた。次第に近づいていくにつれて回転数が上がり、合体時には一秒あたり１０００回転くらいしていたと考えられる。この回転数の上昇は、重力波を音に変換すれば20ヘルツから２０００ヘルツへの変化に相当する。重低音からはじまり、最後の０・２秒のあいだに小鳥のさえずりのようにトーンが急上昇していきなり途絶えた。

ＬＩＧＯ重力波天文台では５００ヘルツくらいまでの重力波しか検出できないため、残念なが

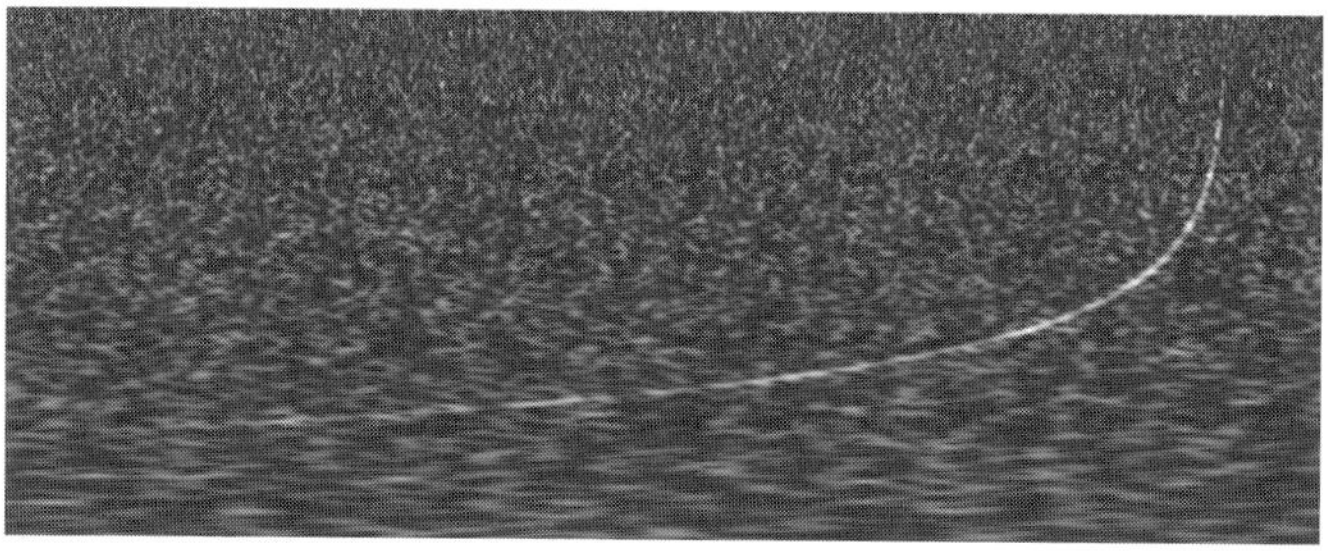

［図**7.8**］**LIGO重力波天文台による初めての中性子星合体の検出**
時間（左から右。約30秒）とともに、周波数（縦方向。30〜500 Hz）が急に高くなる様子がとらえられている。
［LSC/Alex Nitz］

ら、合体の瞬間のさえずりを聴くことはかなわなかった。それでも、検出されたさえずり信号から、合体した二つの天体の質量の和が太陽質量の約2・7倍、それぞれの質量は太陽質量の1・2〜1・6倍程度であることが明らかにされた。これはブラックホールにしては軽すぎるので、ともに中性子星だったと考えて間違いないだろう。ブラックホール合体に続いて、人類は初めて中性子星合体という天体現象が奏でる重力波のメロディーを聴くことに成功したのである。連星中性子星の発見から43年後、アインシュタインの一般相対性理論から予測されたとおり、それが確かに合体することが証明されたのだ。

観測された重力波の時間変動は、スーパーコンピューターを用いたシミュレーションによる予測とほぼ一致する。シミュレーションではさらに、合体後には超大質量中性子星の回転と振動に伴う高周波のさえずりが継続し、それがブラックホールに崩壊すると同時に収束すると予測されている。より高周波の重力波の検出が可能になれば、人類はブラックホールが生まれる瞬間のさえずりを聴くことができるはずだ。ただし、それは次世代の重力波天文台の稼働まで持ち越されるかもしれない。

二つの中性子星の衝突に続くスペクタクルの瞬間は、重力波信号が途絶えてからわずか1・7秒後に訪れた。ガンマ線天文衛星（フェルミ衛星）により、天空上の重力波源と同じ方角からショートガンマ線バーストが検出された――中性子星合体とほぼ時を同じくして、ガンマ線で輝くジェットが放たれたのだ。これで、50年来の謎であったショートガンマ線バーストの起源が中性子星合体であることがほぼ確実になった。そのガンマ線は通常のショートガンマ線バーストに比べて非常に弱いものであったが、それは、ジェットの方向が私たちから少し（30度くらい）ずれていたために、明るいガンマ線が見えなかったのだろうと解釈できる。

この一連の観測において何より重要なことは、アインシュタインみずからによる一般相対性理論にもしづく予言――重力波は光速で伝わる――の正しさが証明されたことである。もし重力波がわずかでも光より遅ければ、1億3000万年かけて重力波が地球に届くより（おそらく私たちが生まれるより）ずっと前に、ガンマ線バーストの光が地球に到達しているはずだ。実際に生じた1・7秒の遅れは、合体からガンマ線バーストが生じるまでのタイムラグと考えるのが自然であろう。

このように、中性子星合体が発する重力波の発見によりショートガンマ線バーストの起源が明らかになり、一般相対性理論のさらなる検証にもつながるという、実りある科学的成果がもたらされた。それだけにとどまらない。本書のテーマの一つである重元素の起源に限りなく迫る、重要な成果が得られたのである。

千新星――色とりどりの光を放つ中性子星合体

中性子星合体による爆発は、景気よくガンマ線バーストのジェットを放った後に、さらに**千新星**として数十日にわたって輝き続けた。

千新星とはなんともおかしな名称だ。この天体は明るさが新星と超新星のあいだくらいだったので、何かふさわしい名前をつける必要があった。新星は英語でｎｏｖａという。中性子星合体による爆発は新星の１０００倍くらいの明るさで輝くと予測されていたので、ｋｉｌｏｎｏｖａという（あまり考えられていないような）名前がつけられてしまった。キロに対応する漢字がないので、無理に訳すと千新星になってしまう。**キロノバ**とカタカナ表記する文献もあるが、これもいまひとつだ。カタカナのない中国では千新星とよばれているので、本書はそれにならうことにしよう（ほかにも、ｒプロセス新星、超速新星、英語のもう一つの名称であるｍａｃｒｏｎｏｖａを和訳した巨新星などのよび方がある）。

中性子星合体による爆発が千新星、すなわち新星より１０００倍くらい明るい天体として輝くことは予測されていたものの、それを見つけだすのは至難の業である。重力波望遠鏡は、たとえるならば耳はいいけれど目が悪い観察者だ。というのは、重力波を聴くことはできても、それが天空のどの方向からきたのかを特定できないからだ。もちろん、弱点を補う工夫はされている。

ＬＩＧＯ重力波天文台はアメリカのハンフォードとリビングストンの２ヵ所にあり、そのあいだには３０００キロメートルの距離があるので、光（あるいは重力波）でも伝わるのに10ミリ秒かかる。つまり、重力波源から二つの天文台までの距離に差があれば、それぞれの検出器に重力波が到達する時間にわずかにずれが生じる。その時間差から、重力波源の天空上の領域をある程度絞り込むことができる。二つの耳で聴くことによって、だいたいの方向が推測できるというわけだ。

同様に、重力波天文台の数が多いほど、重力波源の天空上の位置をより狭い領域に絞り込むことができる。イタリアのＶｉｒｇｏ重力波天文台は十分な感度があるにもかかわらず、ＬＩＧＯでとらえられた中性子星合体からの重力波を検出できなかった。それは、Ｖｉｒｇｏの検出可能領域に中性子星合体は現れなかったことを意味する。その領域を除外することにより、さらに狭い天空上の領域に絞り込むことができたのだ。

ＬＩＧＯが重力波を検出するとただちに、世界中の70もの観測グループにより、ハッブル宇宙望遠鏡、すばる望遠鏡、ＶＬＴ望遠鏡などをふくむ大小の望遠鏡がその天空領域へと向けられた。ある程度絞り込まれているとはいえ、その領域から新しく輝く天体を見つけるのは容易なことではない。探すこと11時間、ついにそのときは訪れた。１億３０００万光年のかなたにある楕円銀

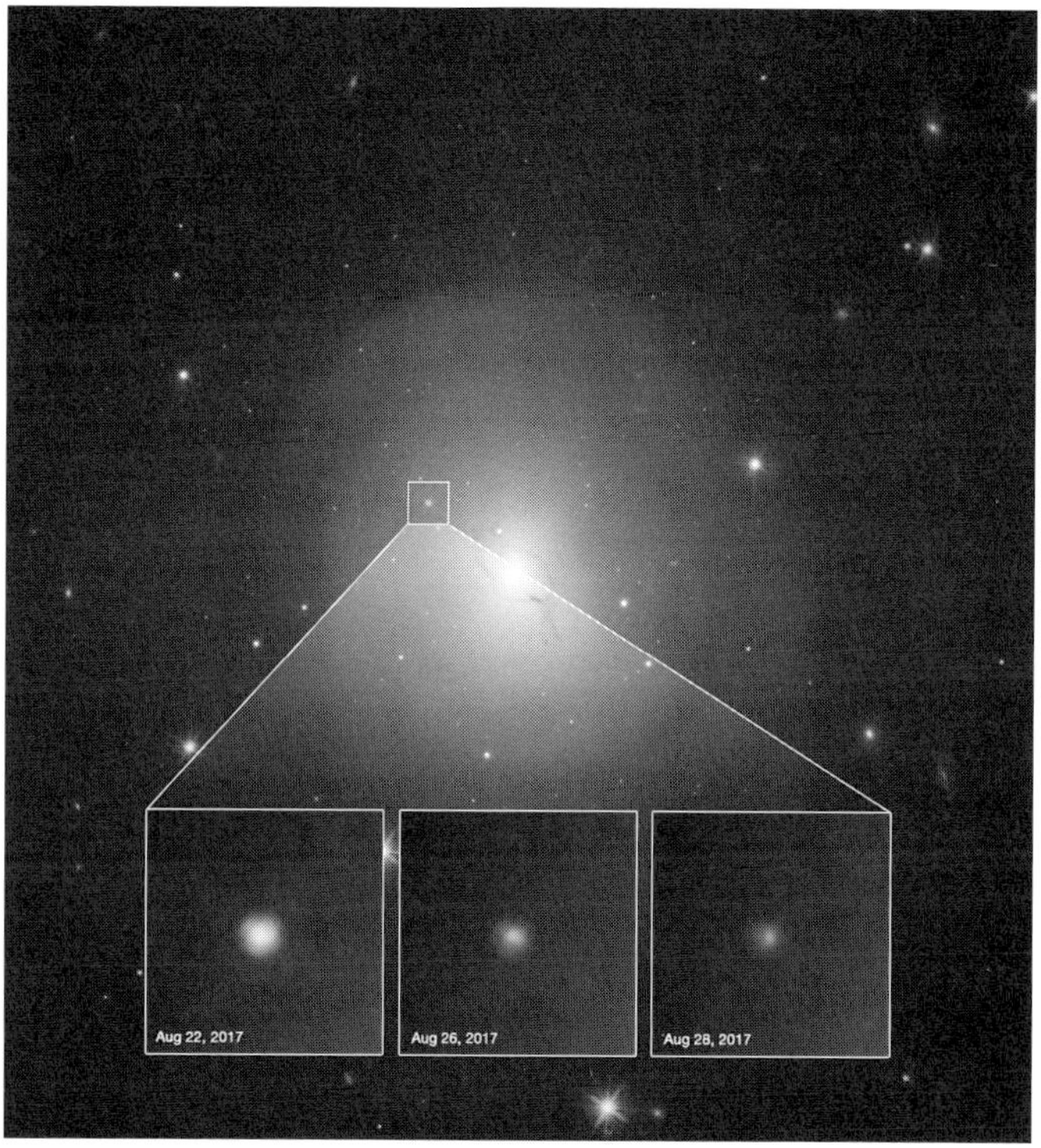

［図7.9］ 2017年8月17日に現れた中性子星合体
ハッブル宇宙望遠鏡による撮影。楕円銀河NGC 4993の中心から離れた位置に輝く千新星として観測された。3つの拡大画像は左から8月22日、26日、28日に撮影されたもの。
［NASA and ESA. Acknowledgment：A.J. Levan (U. Warwick), N.R. Tanvir (U. Leicester), and A. Fruchter and O. Fox (STScI)］

河の中に、ひときわ明るく輝く千新星が見つかったのである（**図7・9**）。はじめは紫外線や青い可視光で明るく輝き、次第に暗くなるとともに、色は波長の長い赤へと変化していった。波長はさらに長くなり、数日後からは赤外線で光り続けた。

この千新星は1億3000万光年のかなたに現れたので、遠すぎて肉眼で見ることはできない。もし近くで見ることができたら、数日のあいだに青から黄色、橙、赤へと移ろう様子を観察できることだろう。千の色彩で輝く新星――それが千新星であるとすれば、なかなかいい名称に思えるのではないだろうか。

千新星はなぜ輝くのか

星が輝く理由はさまざまだ。太陽のような星は水素核融合の熱で、超新星はニッケル56の崩壊熱（重力崩壊型の初期は衝撃波による加熱）で輝くのだった。千新星の場合はどうだろうか。

第5章で見たように、rプロセスはわずか1秒足らずで終了し、つくられた放射性同位体はベータ崩壊を繰り返すのだった。最終的に安定同位体へと落ち着く前に、半減期が数時間から数十日の放射性同位体で足止めされる。そして、これらの放射性同位体は長い時間にわたって崩壊熱を出し続けることになる。ベータ崩壊により原子核の質量が減り、失われた質量がアインシュタインの式にしたがってエネルギーへと変換されるのだ。

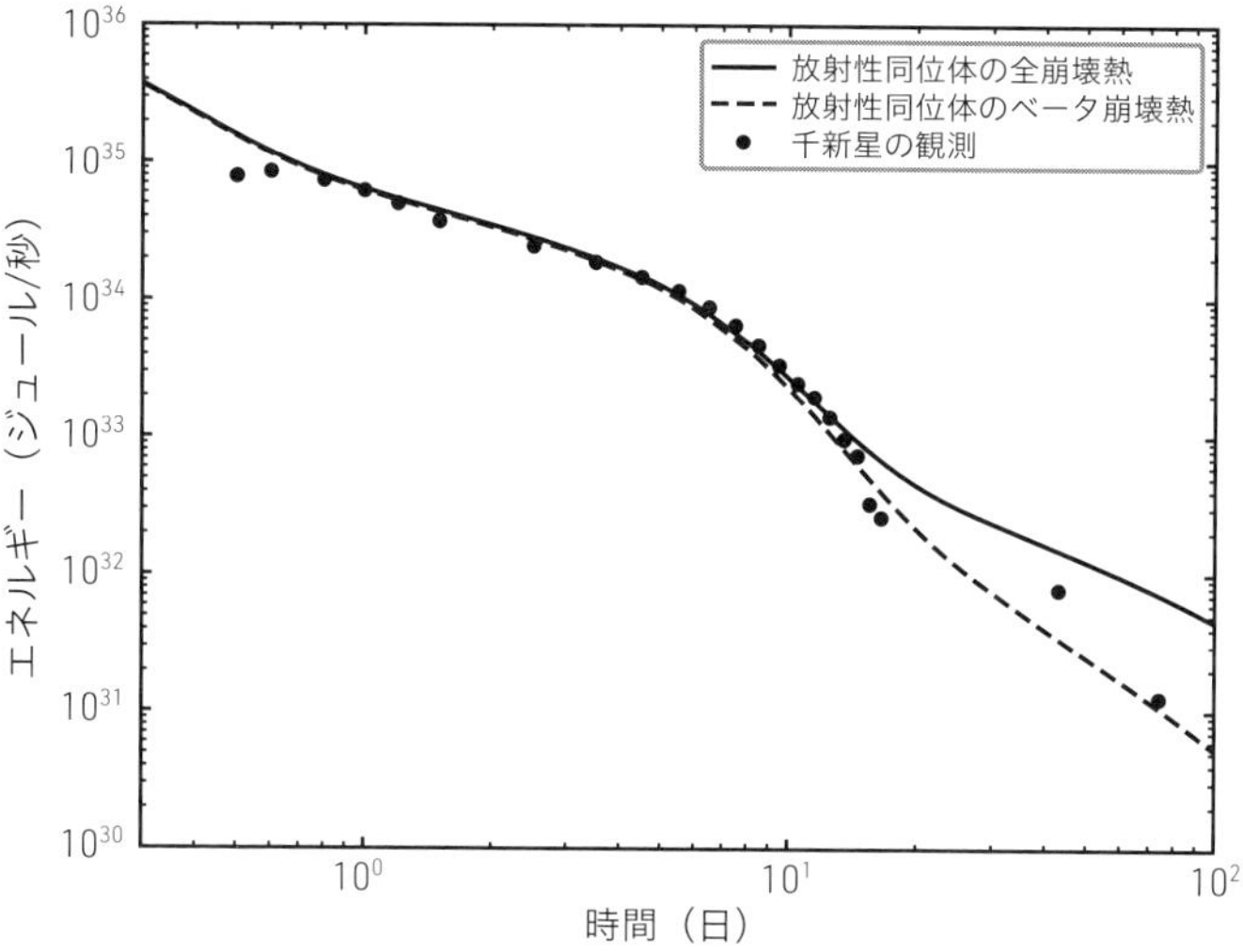

［図**7.10**］ **千新星（中性子星合体GW170817）の明るさの時間変化**
縦軸はエネルギー（ジュール/秒）、横軸は合体からの日数を示す。実線は中性子星合体によって放出された物質の質量が太陽質量の6%と仮定したときの放射性同位体の全崩壊熱、点線はベータ崩壊熱のみを考慮した場合の理論計算による結果を表す。

観測された千新星の明るさの時間変化は、中性子星合体で放出された物質の質量が太陽質量の数パーセントであったと仮定すれば、その物質にふくまれる放射性同位体の崩壊熱で説明できる（**図7・10**）。第5章で見たように、中性子星合体によりただちに放出される物質の質量は太陽質量の1パーセント程度なので、その後に超大質量中性子星（またはブラックホール）を取り巻く降着円盤からも物質が放出されたと考えられる。

超新星の場合はニッケル56の崩壊が熱源であったが、千新星の場合は一つではなく、多くの放射性同位体が寄与していると考えられる。そのおもな候補には、ｒプロセスでつくられるスズやヨウ素の放射性同位体のほかに、ニッケル66やゲルマニウム72などもふくまれる。そのため、この観測だけからｒプロセス元素ができたかどうかを判断するのはむずかしい（図７・10の計算の場合、10日後までの主要な熱源はニッケル66である）。また、スズとヨウ素はそれぞれ原子番号が50と53なので、金やプラチナ（原子番号79と78）のような重いｒプロセス元素がつくられたかどうかも不明である。

中性子星合体から数十日くらいたつ頃には、ほとんどの放射性同位体はすでにベータ崩壊を終えているので、その後は超新星のようにたった一つの放射性同位体の崩壊熱だけで輝くことがありえる。たとえば原子番号98のカリホルニウム２５４は、60・５日の半減期でより軽い元素に核分裂する。もしカリホルニウム２５４がつくられていれば、数十日後にはそれが千新星の熱源になっているかもしれない。実際に、観測された千新星の明るさは、カリホルニウム２５４が存在する場合（図７・10の実線）と矛盾しない。ウランよりも重いカリホルニウムが中性子星合体でどれだけつくられたかは、今後の千新星の観測で検証していく必要がある。もしカリホルニウムがつくられたことが確認されれば、ｒプロセスによって金やプラチナなどもつくられたことはほぼ間違いないだろう。

じつは、このカリホルニウム２５４はいわくつきの放射性同位体である。ｒプロセスに関する最初の研究が発表される前年の１９５６年、Ia型超新星の熱源はカリホルニウム２５４であるとする論文が発表された。その60・５日の半減期により、観測されるIa型超新星の明るさの変化が説明できるというのだ。そしてその論文では、Ia型超新星で中性子核融合によりカリホルニウム２５４のような非常に重い元素ができるだろうという、ｒプロセスの原型のようなアイデアが提案されていた。その後、ニッケル56が電子捕獲でコバルト56に（半減期６・０８日）、そして鉄56へ（半減期77・２３日）と崩壊するときの熱で観測結果を説明できることが明らかになると、カリホルニウム説は影を潜めてしまった。今後の千新星の観測により、ｒプロセスの証拠の切り札としてカリホルニウム２５４が再び脚光を浴びる日がくるかもしれない。

金やプラチナはつくられたのだろうか

太陽や天の川銀河の星々のように、光のスペクトルを調べることで千新星にどんな元素がふくまれているのかを知ることはできないのだろうか。いまのところそれはむずかしそうだ。中性子星合体で放出される物質の速さは光速の10～30パーセントにも達する。遠ざかる銀河が赤方偏移によって赤くなる、つまり光の波長が長くなるように（第２章参照）、千新星の場合もドップラー効果により元素のバーコードの位置がずれてしまうのだ。さまざまな速さの物質が混在しているので、波長のずれた吸収線（または輝線）は混ざり合い、どの元素がふくまれているかを判別するのは極めて困難になる。現在のところ、千新星のスペクトルから同定された元素は、原子番号38のストロンチウムだけだ。

個々の元素を特定することはむずかしいものの、少なくとも原子番号57以上の重い元素がつくられたことは間違いなさそうだ。それは千新星の色から判断することができる。

そもそも、なぜ千新星の色は赤く変化するのだろうか。その理由の一つは、放出された物質中に光を吸収しやすい元素がふくまれているためである。そのせいで物質中の光がすぐに外に出てくることができず、また、時間とともに放出物質は断熱膨張により温度が下がってしまう。温度の低下とともに光のエネルギーも減少する——波長が長くなる——ので、ようやく光が出てくる頃には色は赤く変化しているというわけだ。超新星は青白い可視光で輝くが、それは放出物質中に光を吸収しやすい元素があまりふくまれないことを意味する。

千新星でつくられて超新星ではつくられない光を吸収しやすい元素とは、**ランタノイド**のことである。ランタノイドとは、スカンジウムとイットリウムを除くすべてのレアアースの総称であり、原子番号57のランタンから71のルテチウムまでの元素をふくむ（口絵3参照）。これらはおもにrプロセスでつくられる元素であり、第6章でrプロセス元素の代表として登場したユーロピウムもふくまれる。第1章で見たように、元素のまわりを回る電子はちょうどいい波長の光を吸収し、よりエネルギーの高い軌道にジャンプする。ランタノイドには非常に多くの電子の軌道がひしめいているので、さまざまな波長の光を吸収してしまう。ランタノイドより軽い元素、たとえば鉄の場合は電子の軌道の数がずっと少ないので、限られた波長の光しか吸収しない。

千新星の光が青から赤に変化する様子は、次のように理解できる。

図5・10右からわかるように、中性子星合体の回転軸の方向には中性子の少ない物質が、回転面方向には中性子の多い物質が放出される。計算によれば、ランタノイドは中性子の割合が75パーセント以上でないとつくられないので、回転軸方向の物質中にはランタノイドはふくまれない。そして、回転面方向にランタノイドをふくむ元素が放出されることになる（図7・7）。

合体から1日後には、放出物質は半径50億キロメートル――太陽系にたとえれば、火星と木星のあいだの小惑星帯の軌道くらい――にまで膨張する。このときの物質の温度は1万度くらいで、光の波長は紫外線から可視光の青に対応する。回転面方向の物質中を進む光はランタノイドに吸収されて出てこないので、回転軸方向の物質中を通ってきた光が紫外線や青い可視光で輝く。

合体から数日後、放出物質は半径300億キロメートル――太陽系の天王星の軌道くらいのサイズ――にまで膨張する。このころには、物質の温度は2000度程度にまで下がっている。ようやく回転面方向のランタノイドをふくむ物質から光が解き放たれるが、すでに光の波長は可視光の赤や赤外線へと伸びている。

また、膨張を続ける物質は数日後あたりからすかすかになってしまうので、内側の熱い物質から放射される輝線で輝くようになる。ランタノイドは電子の軌道が混み合っていて、隣り合った軌道のエネルギーの差が小さい。そのために、波長の長い（エネルギーの小さい）可視光の赤や赤外線が放出されやすいのだ。これも千新星が赤くなる理由の一つである。

千新星の色が赤に変化したことは、中性子星合体で少なくともランタノイドまでの元素がつくられたことを物語っている。天の川銀河の星に見られるrプロセスのユニバーサリティー（第6章参照）、すなわちrプロセスではつねに太陽系のrプロセス元素と同じような組成の元素がつくられるという観測事実を一般化すれば、この中性子星合体で金やプラチナもつくられたと考えるのが自然だろう。

それでも天文学者たちは、金やプラチナ、あるいはもっと重い元素であるウランがつくられたことを直接的に示す証拠をつかもうと、アイデアを巡らせている。その証拠が見つかったとき、私たちは、中性子星合体がrプロセス元素の起源であると自信をもって言い切ることができるだろう。

私たちが身につけている貴金属。それらが中性子星のかけらであることが、いままさに明らかにされようとしている。太陽よりはるかに重い双子の星が誕生し、華やかな1000万年の半生の後に互いの超新星爆発を耐えしのび、さらに1億年ものあいだそのときを静かに待ち、最後に色とりどりの光に映える花火のきらめきとともにつくりあげられた金やプラチナ――そんな宇宙と元素の歴史に思いを馳せるのも悪くないだろう。

第8章

宇宙と元素の物語のこれから

中性子星合体の発見は実りある科学的な成果をもたらすとともに、新しい学問——**マルチメッセンジャー天文学**——の扉を開いた。

私たちからわざわざ遠方の天体まで出向かなくても、天体が光のメッセージを届けてくれる。そのメッセージにはさまざまな情報が込められている。光のスペクトルには、夜空にきらめく星々がどんな元素でできているかという情報が、バーコードのように刻まれている。遠い銀河からの光は、宇宙が膨張していることを知らせてくれる。そしてIa型超新星からの光は、宇宙が加速膨張していることまでも教えてくれる。

光と言っても、私たちが見ることができる可視光だけではない。ガンマ線、X線、紫外線、可視光、赤外線、マイクロ波、電波といった、さまざまな波長の光に異なる宇宙のメッセージが託されていて、私たちはそれらを受け取っている。マイクロ波は絶対温度2・73度の光に満たされる宇宙の姿を、そして赤外線は天の川銀河の全体像を見せてくれた。また、X線は中性子星やブラックホールの活動の様子を、そして電波は銀河中心ブラックホールの姿までをも私たちに届けてくれた。

マルチメッセンジャー天文学の夜明け

2015年、人類はついに、時空のさざなみ——重力波——に託されたメッセージを聴く耳をもつことになった。二つのブラックホールのさえずりを聴くことによって、初めてブラックホールの存在を直接的に認識することができた。そして2017年8月17日、ついに中性子星合体からの多彩な光のメッセージを受け取ったのであった。

マルチメッセンジャーとは、さまざまな波長の光、重力波、宇宙線、そしてニュートリノのように、さまざまな情報を私たちに届けてくれる複数の運び手のことである。たとえば、太陽は光、宇宙線、そしてニュートリノを放つ、最も身近なマルチメッセンジャー天文学の対象といえるだろう。重力崩壊型超新星もそうだ。第4章で見たとおり、超新星1987Aは光とニュートリノのメッセージを送り届けてくれた。そして、中性子星合体の発見の瞬間から、初めて重力波をもふくむマルチメッセンジャー天文学がはじまったのである。実際に、この中性子星合体は、重力波に加えてガンマ線から電波にいたるすべての光の波長域でモニターされていた。そのおかげで、それが1億3000万光年のかなたで起きた現象であることを忘れるくらい、手に取るようにリアルタイムで情報がもたらされた。

重力波天文台LIGO、Virgo、そして近々稼働する予定のKAGRAにより、今後も次々と中性子星合体が見つかることだろう。それに伴う千新星の観測によって、金やプラチナなどの起源が本当に中性子星合体なのかという問いに答えが得られるのも、時間の問題であろう。60年来の謎であった重元素の起源の探求も、大きな山を越えることになりそうだ。やがて、中性子星合体後にブラックホールが誕生する瞬間を——重力波で——聴くことができるときも訪れるはずだ。

ところで、マルチメッセンジャー天文学という名称で学問の一分野とするからには、中性子星合体だけを主要なターゲットにするのでは物足りない。ほかには何がわかるようになるのだろう？最もありそうなのは、ブラックホール・中性子星合体だ。重い星の連星であれば、一方が中性子星に、他方がブラックホールになることも当然あるはずだ。ブラックホール・中性子星合体でもrプロセスが起きそうだから（第6章参照）、重力波だけでなく千新星として多彩な光のメッセージを届けてくれるにちがいない。今後10年くらいにわたって、ブラックホール合体、中性子星合体、そしてブラックホール・中性子星合体の発見報告が相次ぐことになるだろう。

新たなステージへ向けて

私たちの元素の起源を探す旅は確実にゴールに近づいているようだ（とはいえ、亜鉛やモリブデン92など、いまだに起源のわからない元素や同位体は少なからず残っている）。ただし、そのゴールは「宇宙と元素の歴史」第1幕の終わりにすぎない。物語の第2幕では、元素による宇宙の歴史の解明がおもなテーマになることだろう。

第6章で見たように、銀河化学進化の研究を通して、私たちは、宇宙の中でどのように星や銀河が生まれて成長していったのかを知ることができる。惑星状星雲、重力崩壊型超新星、Ia型超新星など、さまざまな天体現象がもたらす元素を手がかりとすれば、銀河ハローや銀河円盤がいつどのようにつくられたかがわかるのであった。さらに、中性子星合体がｒプロセス元素の起源であることが確かめられれば、銀河ハローは極小銀河のような小さな銀河が集まったものであるということまで言えてしまう。私たちがこの中性子星合体という強力な駒を手にしたいま、銀河化学進化の研究がいっきに進むことになると予想される。

２０２０年代から、次世代の可視光・赤外線大型望遠鏡を用いたさまざまな国際観測プロジェクトが発足する。２０２１年には、ハッブル宇宙望遠鏡の後継として、ジェイムズウェッブ宇宙望遠鏡（ＪＷＳＴ）がＮＡＳＡにより打ち上げられる予定である。また、２０２０年代後半、ハワイのマウナケア山頂には日本などによる30メートル望遠鏡（ＴＭＴ）、チリのラスカンパナス天文台にはアメリカなどによる巨大マゼラン望遠鏡（ＧＭＴ、口径24・5メートル）、チリのアルマゾネス山にはヨーロッパ南天天文台によるＥ‐ＥＬＴ望遠鏡（口径39メートル）の完成が予定されている。これらは、現在の大型望遠鏡の10倍もの解像力および集光能力をもつ。

次世代望遠鏡を用いた千新星の詳細な観測により、中性子星合体でどのような元素がつくられたのかが確かめられるときも訪れることだろう。より遠い銀河にある星々の元素を測定することも可能になる。そして、宇宙最初の星明りが灯った頃の、はるかかなたにある銀河の姿を見ることもできるようになるはずだ。また、太陽系外惑星の大気を観測することなどにより、地球外生命の痕跡が発見されることへの期待も高まる。人類が移住可能な「第二の地球」が見つかるのも、それほど遠い未来ではないかもしれない。

重力波観測も次のステージに突入する。10キロ～40キロメートルのアームをもつレーザー干渉計の建設、そして2030年以降にはヨーロッパによるLISA、日本によるDECIGOなどの宇宙重力波望遠鏡の打ち上げが計画されている。これらはともに、3機の人工衛星を宇宙空間に配置し、それらのあいだをレーザー光でつなぐ巨大干渉計を構成するという、ハリウッド映画にでも登場しそうな巨大プロジェクトだ。衛星間の距離はLISAでは250万キロメートル、DECIGOでは1000キロメートルにもなる。

これら次世代の重力波観測プロジェクトでは、マルチメッセンジャー天文学の役者が勢揃いする。白色矮星合体の観測により、Ia型超新星の起源をめぐる論争に終止符が打たれ、中質量・大質量ブラックホールの合体の観測により、超大質量ブラックホールの形成過程や銀河が合体して成長していく様子が明らかにされると期待される。第2章で見たように、光で見ることができるのは、38万歳以降の宇宙の姿であったが、重力波を使えばそれ以前にもさかのぼることができる可能性がある。宇宙がインフレーションとともにはじまったとすれば、そのときのゆらぎとともに原始重力波が発生し、そのさざなみがいまも宇宙を漂っているはずだ。それが見つかったとき、私たちは宇宙創世の物語を聴くことができるようになるのだろう。

「いちばん大事なものは、目には見えない」――サン゠テグジュペリが小説『星の王子さま』に遺した示唆に富む言葉だ。目には見えないメッセージに耳をすますとき、宇宙はその真の姿を私たちに現すのかもしれない。

おわりに

私の専門は天文学や宇宙物理学のなかでも「元素合成」とよばれる分野で、とくに金やプラチナなどの重元素が宇宙のどこでつくられたのかを追い求めてきました。その研究を通して、私たち自身や身のまわりのものはすべて、星たちが気の遠くなるような長い年月をかけてつくりだしてきた貴重な宝物であることに気づかされました。それは私の価値観を一変させたと言っても過言ではありません。私たちはみんな超新星爆発を経験した元素たちからできている、私たちの体内を流れる血液には白色矮星の爆発を経験した鉄がふくまれている、携帯電話の中にあるレアアースや指輪のプラチナは中性子星のかけらでできている——それぞれの生い立ちを想像するだけで、何もかもとても愛しいものに思えてくるのです。

「はじめに」に記したとおり、本書は上智大学の文系学生向けの一般教養科目「宇宙の科学」で話してきた内容をもとにしています。この講義を通して、物理の予備知識を前提とせずに元素の起源について説明することが、いかにむずかしいかを実感しました。元素合成はいわゆる境界分野であり、非常に多くの領域にまたがっているからです。もちろん基本的な物理の概念は必要になります。そして原子核物理や一般相対性理論という、物理学の中でも最も難易度の高い分野についていて、かみ砕いた説明をしなければなりません。たとえば、相手が専門家であればごく簡単な方程式を一つ見せればすむ内容であっても、文系の学生の場合はそれだけで拒否反応を示す場合も少なくありません。本書では思い切って、数式はアインシュタインの式一つだけにとどめて、あとは言葉だけで説明するように努めました。うまく伝わっていることを願っています。

前述の上智大学の講義で、中性子星合体で金がつくられたという話をした後に、こんな質問を受けました。

「それで、その金は空から降ってきたのですか？」

なんとも詩的な問いです。思い返せば、それ以前にも、超新星爆発などでつくられた元素がなぜ地球にあるのかという質問はたびたび受けていました。その大事な説明がいつも欠けていたのです。そこで本書では、思い切って銀河の化学進化に関する説明に一つの章（第6章）を当てることにしました。一般向けの書籍で銀河化学進化について解説されているものは珍しいのではないでしょうか。この章は本書の一つの特色になったと思います。

本書ではアインシュタインなど一般によく知られている人物を除き、あえて発見者の名前やエピソード、また私個人の意見や考えをできるだけ排し、科学的な内容に絞って記述するように心がけました。もちろん宇宙の研究に携わってきた科学者たちの人間模様もおもしろいのですが、それらを紹介する書籍はすでに出版されています。そしてなにより、最近の研究成果は非常に多くの研究者たちの努力によるものであり、その方々のエピソードを公平に記述するのは困難であると考えました。また、科学的な事実を誠実に語るだけでも十分に価値があると思っています。

本書の内容はかなり多岐にわたっているので、記述のいたらない部分も少なからずあることと思います。以下に、出版が新しいものを中心に、関連する書籍を紹介します。本書と併せて読むことを強くお勧めします。

小松英一郎／川端裕人著『宇宙の始まり、そして終わり』（日本経済新聞出版社　2015年）

観測事実に忠実に、現在わかっている宇宙論、とくに宇宙のはじまりについてわかりやすく丁寧に解説してあります。

吉田伸夫著『宇宙に「終わり」はあるのか　最新宇宙論が描く、誕生から「10の100乗年」後まで』（講談社ブルーバックス　2017年）

現在の標準的な理論で予測されている宇宙のはじまりから終わりにいたるまでが、詳細に描写されています。その壮大な物語に圧倒されると思います。

マーカス・チャウン著　糸川洋訳『僕らは星のかけら　原子をつくった魔法の炉を探して』（ソフトバンク文庫　2005年）

元素合成の研究の歴史について詳しく記されています。出版が少し古いので、最新の研究内容はふくまれません。それでも、原子核物理や天体物理学の基礎的な解説はいまも色あせることのない名著です。

山本義隆 著 『原子・原子核・原子力 わたしが講義で伝えたかったこと』（岩波書店 2015年）

高校物理の初歩的な知識だけで、原子・原子核物理の本質を垣間見ることができます。また、放射線の発見や原子核物理の発展にまつわる科学史の話題も豊富です。

田中雅臣 著 『星が「死ぬ」とはどういうことか』（ベレ出版 2015年）

星の進化や超新星爆発について詳しく解説されています。超新星の観測について非常に丁寧に説明されているのが特徴です。出版は中性子星合体の発見前ですが、それに関する内容も充実しています。

真貝寿明 著 『ブラックホール・膨張宇宙・重力波』（光文社新書 2015年）

一般相対性理論やブラックホールに関する記述のほかに、アインシュタインの半生などの史実にも詳しいです。

安東正樹 著 『重力波とはなにか 「時空のさざなみ」が拓く新たな宇宙論』（講談社ブルーバックス 2016年）

重力波が発生するメカニズム、重力波の検出方法、そしてブラックホール合体の観測にまつわるエピソードなど、最新の成果をふくむ重力波天文学全般について非常にわかりやすく解説されています。

最後に、少し私個人の研究の経緯についてお話しします。

私が東京大学大学院の野本憲一先生のもとで研究をはじめた1991年頃は、まだ超新星1987A（第4章）フィーバーが続いていて、超新星の研究は花形分野でした。そして当時は、rプロセスも超新星で起きていると誰もが思っていました。私が博士課程で選んだ研究テーマは新星爆発（第3章）での元素合成の研究でしたが（それはそれでおもしろかったのですが）、いつかはrプロセスの研究に取り組むと心に決めていました。そして博士課程を終えて国立天文台の研究員になった1999年頃から、念願のrプロセスの研究をはじめたのです。当時はまだまともにrプロセスの計算ができるコードもなく、それをつくるところからのスタートでした。

それから10年ほど、超新星爆発でrプロセスが起きるという前提のもとに研究を続けたのですが、一向に答えが見つかる気配はありませんでした。真面目に研究すればするほど、超新星ではrプロセスが起きないという結論にたどりついてしまうのです。

2009年、当時私が所属していたマックス・プランク宇宙物理学研究所の同僚、トーマス・ヤンカ氏にこんなことを言われました。「超新星ではrプロセスは絶対に起こらない。rプロセス元素の起源は中性子星合体だ」と、彼はそう言い切ったのです。まだほとんどの研究者が超新星説を支持していた頃でした。超新星研究で世界をリードしていたヤンカ氏だからこそ、そう確信していたのでしょう。それからすぐに、ヤンカ氏およびその共同研究者ベルンハルト・ミュラー氏（現・モナッシュ大学）と、詳細な超新星爆発のシミュレーションにもとづく元素合成の共同研究に取りかかりました（第4章にはその成果が反映されています）。

そしてついに、私も超新星ではrプロセスは起こらないと確信するようになりました。10年もの長きにわたって研究してきた説を諦めるのは、容易なことではありませんでした。この経験を通して、真実に至るには自説さえも疑う謙虚さが必要であることを学びました。こうして私は研究の軸足を中性子星合体に移すことになったのです。

当時、中性子星合体説はまったく受け入れられていなかったので、学会で発表するたびに猛烈なバッシングを受け続けました。超新星では駄目だということを丁寧に説明しても、「超新星の爆発メカニズムは解明されていないから、まだ結論は出せない」などという、悪魔の証明を迫るような批判を受けるばかりでした。私もそうだったのでよくわかるのですが、長いあいだ支持してきた説を否定するのはむずかしいものです。若い研究者は比較的柔軟ですが、とくに大御所クラスの有名な先生方にそのような傾向が強かったように思います（もし本書を読んでくださっていたら、すみません）。

また、第6章で述べたとおり、中性子星合体説は銀河の化学進化に関する問題も指摘されていました。それを解決するべく、銀河化学進化を専門とする国際基督教大学の石丸友里（私の妻です）、当時その学生だった小嶋琢也氏（現・IBM）、パリ天体物理学研究所のニコス・プランツォス氏、パリ天文台のパトリック・フランソワ氏と共同で、中性子星合体がrプロセスの起源でも矛盾がないモデルを考案しました（第6章にはその成果が反映されています。私のいちばんのお気に入りの章です）。それでも学会発表では、相も変わらず要領を得ない批判を受け続けました。

ブレークスルーになったのは2014年に発表した論文でした。京都大学（現・東邦大学）の関口雄一郎氏をはじめとする研究者たち（西村信哉氏、木内建太氏、久徳浩太郎氏、柴田大氏）と共同で、詳細な中性子星合体のシミュレーションにもとづく元素合成の計算をおこなった結果、それが太陽系のrプロセス元素組成を驚くほどよく再現していたのです（その成果は第5章に反映されています）。そして、2013年のショートガンマ線バーストに付随する千新星（第7章）やrプロセス銀河（第6章）の発見など、中性子星合体説を支持する観測事実が次々と発表され、潮目が変わるのを感じました。2014年に国際基督教大学で開催された日本天文学会春季年会では、関口氏、その頃から共同研究をはじめた田中雅臣氏（現・東北大学）とともに、「rプロセスと重力波天文学」というセッションを企画しました。まだ重力波が発見される前にもかかわらず、かなりの盛況だったのをよく覚えています。

本書の執筆の依頼をいただいてからかなり時間が経過していたのですが、2017年の3月頃には第6章まで書き終えていました。あとは重力波に関する話題を残すのみだったのですが、まだ中性子星合体は発見されていませんでした。できれば、最初の発見の後に出版できないかと思っていたのですが、もちろんいつそれが見つかるかなど誰にもわかりません。

そんな折、4月に妻の膵臓がんが発覚し、執筆を中断せざるをえませんでした。8月には、待ち望んでいた中性子星合体のニュースが入ってきました（本当はまだ公開前の情報だったのですが、SNSなどで広まってしまったために、みんな薄々気づいていました）。夫婦で続けてきた研究成果が報われた瞬間でしたが、とてもお祝いをする状況にはありませんでした。

２０１７年10月16日、中性子星合体とそれに伴う千新星の発見について、ようやく正式に発表されました。一日のあいだに80本もの関連論文が発表されるなど、これまでに経験したことのないようなお祭り騒ぎがはじまりました。一夜にして中性子星合体説がｒプロセスの主役になったのです。

そして10月19日と20日、中性子星合体に関する研究会を国立天文台で開催しました。妻とプランツォス氏による学術振興会の日仏二国間交流事業のまとめとして、もともとこの日程で研究会を計画していたのです。病気の妻と私にとって、この研究会を迎えることは大きな目標の一つでした。19日には妻も無事に発表を終え、その夜は共同研究者や妻の研究室に所属する学生たち、そして私たちの大学院の指導教官だった野本先生とともに、ささやかな夕食会を開きました。この日、私たちは初めて中性子星合体の発見を心から喜ぶことができました。

それからひと月後の11月18日、妻は旅立ちました。

望んでいたとおり中性子星合体は発見されたわけですが、しばらくは執筆を再開できる状態にはありませんでした。そんなとき、私に執筆を勧めてくださった講談社サイエンティフィク出版部の慶山篤氏には、再三の先延ばしにもかかわらず、むしろ力強い励ましのお言葉をいただきました。おかげさまで、こうして無事に原稿を書き終えることができました。そしてともに編集を担当してくださった渡邉拓氏には、原稿を丁寧に見ていただきました。両氏および編集作業に携ってくださったすべての方々に、心よりお礼申し上げます。また、すでにお名前の挙がった方々とともに、平居悠氏、藤林翔氏（両氏には原稿を見ていただきました）、青木和光氏、青木みさ氏、仏坂健太氏、高橋亘氏、……すべては記すことができませんが、その他の共同研究者や助言をくださったみなさん、そして上智大学やその他の私の講義でご意見を寄せていただいた学生さんたちに感謝申し上げます。

冒頭（2ページ）の一節は、妻が母校の東洋英和女学院高校に寄稿した原稿からの引用です。本書で伝えたかったことが、この一節に込められています。いまは天国にいる妻に本書を捧げます。

2019年8月、荻窪の自宅にて

和南城伸也

【ま・や】

【ら・わ】

【な】

【は】

【さ】

【た】

[索引]

著者紹介

和南城《わなじょう》　伸也《しんや》　博士（理学）

1967年6月15日埼玉生まれ。東京大学大学院理学系研究科天文学専攻博士課程修了。国立天文台研究員、東京大学大学院理学系研究科研究員、マックス・プランク宇宙物理学研究所客員研究員、理化学研究所研究員、上智大学理工学部特任准教授などを経て、現在、マックス・プランク重力物理学研究所シニア研究員。専門は宇宙物理学および天文学。とくに、中性子星合体や超新星爆発における元素合成、重力波対応天体、銀河化学進化の研究など。著書に、『元素はいかにつくられたか　超新星爆発と宇宙の化学進化』（岩波書店、2007年、共著）がある。

なぞとき　宇宙《うちゅう》と元素《げんそ》の歴史《れきし》

■二〇一九年一二月一六日第一刷発行

■著者――和南城伸也《わなじょうしんや》

■発行者――渡瀬昌彦

■発行所――株式会社講談社
東京都文京区音羽二―一二―二一
郵便番号一一二―八〇〇一
販　売　〇三―五三九五―四四一五
業　務　〇三―五三九五―三六一五

■編集――株式会社講談社サイエンティフィク
代表　矢吹俊吉
東京都新宿区神楽坂二―一四　ノービィビル
郵便番号一六二―〇八二五
編　集　〇三―三二三五―三七〇一

■本文データ制作――美研プリンティング株式会社

■印刷所――株式会社平河工業社

■製本所――株式会社国宝社

■ブックデザイン――坂　重輝（有限会社グランドグルーヴ）

ISBN978-4-06-518094-5　NDC429.1 259p 19cm